就是财务管理

世界500强CFO的独家分享

温兆文——著

人民邮电出版社

北京

图书在版编目（CIP）数据

这就是财务管理 ：世界500强CFO的独家分享 / 温兆文著. -- 北京 ：人民邮电出版社，2022.1
ISBN 978-7-115-57258-5

Ⅰ. ①这… Ⅱ. ①温… Ⅲ. ①财务管理—通俗读物 Ⅳ. ①TS976.15-49

中国版本图书馆CIP数据核字(2021)第185462号

内 容 提 要

财务工作涉及企业运营的方方面面，长期以来，无论是财务工作者还是企业其他部门的工作人员，都对财务工作存在一定的理解偏差及认知误区，造成了财务人员工作抓不到重点、其他部门与财务部门配合度不高的局面，严重影响企业经营效率的提升。

作者将自身多年的财务管理实战经验进行提炼，用风趣幽默的语言和生动的案例对这些重点问题进行解答，帮助读者厘清财务逻辑，为读者揭示财务问题的真相。本书内容包括成本控制、全面预算管理、风险控制及绩效管理等企业财务管理中的重要环节，能直击财务痛点。语言风趣幽默、案例通俗易懂，适合企业管理者及财务工作者阅读和学习。

◆ 著　　　温兆文
责任编辑　刘晓莹
责任印制　彭志环

◆ 人民邮电出版社出版发行　　北京市丰台区成寿寺路 11 号
邮编　100164　　电子邮件　315@ptpress.com.cn
网址　https://www.ptpress.com.cn
涿州市般润文化传播有限公司印刷

◆ 开本：700×1000　1/16
印张：13.5　　　2022 年 1 月第 1 版
字数：171 千字　　　2024 年 10 月河北第 11 次印刷

定价：69.80 元

读者服务热线：(010)81055296　印装质量热线：(010)81055316
反盗版热线：(010)81055315
广告经营许可证：京东市监广登字 20170147 号

让管理会计成为企业价值创造的利器

我与温兆文老师相识至今已有十余年。从最早邀请他一起去企业讲课，到后来共同开发管理会计课程、辅导企业财务管理、合作出书，源于对管理会计的共同追求和共识，我们的合作也越来越紧密。

三年前，正值互联网+新媒体平台盛行，元年研究院邀请温老师共同设立的新媒体专栏和微信互动群——《磨刀时刻》正式上线。作为国内为数不多的管理会计互动型社群，每一期中，温兆文老师都会就网友提出的有关财务工作中常见的难题，以生动形象的案例、可行的方法和思路予以指导、解惑，以此引发财务人员的思考与讨论。在十几期一问一答的互动中，温老师整理出了一些广大财务人员及管理者普遍关心的话题，本书也由此而来。

本书首先回答了令很多财务人不甚明了的一大问题：财务管理到底管什么？

长期以来，无论是财务人员还是企业管理者，很多人对财务管理的理念和认知停留在“管钱”的“账房先生”这一呆板印象中，财务管理一度成为企业经营管理中被忽视的薄弱环节。温老师在本书中提到，好的财务管理，不只是“管钱”，而是“让钱生钱”；好的财务管理，是企业经营管理中的重要组成，是深入了解企业业务及其背后的逻辑进而创造价值。这就带来了第二个问题：财务管理究竟如何为企业创造价值?

结合多年世界五百强企业财务管理的实践经验，温兆文老师在本书中指出，财务管理的正确方法是“管理会计”，要发挥财务管理“管钱”和“让钱生钱”的管理之“锤”，离不开管理会计这颗“钉”。

与财务会计只关注结果、反映事实不同的是，管理会计更关注过程，关心用什么方法增值、如何增值等，通过开展计划、控制、决策、评价等工作，用数据赋能企业的价值创造和财富增长。在当前以数据驱动为主线的数字化转型浪潮中，管理会计是推动企业实现数字化运营和管理的关键。

管理会计同时也是元年研究院的事业之源和研究之本。从深耕理论融贯一线， 持续开展案例研究、课题研究；到担当政府智囊，持续为财政部、国资委、工信部等部门提供专业支持；再到推动管理会计专业交流和成果转化，与出版社合作创立《管理会计研究》专业学术期刊；元年研究院对管理会计的初心没有片刻转移。这当然源于我们对管理会计定位和价值的笃定：管理会计不仅是财务部门实现价值创造的利器，也是助力企业应对不确定性的密钥，更是在数字化新时代中助力企业实现高质量增长、重塑竞争力的关键。无论是财务人员、财务部门，还是财务体系，要成功实现转型，核心都在管理会计。

本书对于转型时期财务人员如何认识财务管理的本质、管理会计的价值大有裨益。温老师立足于财务认知、成本控制、全面预算管理等企业经营中的重要财务环节，直击财务痛点，提出解决之道，既对实务界具有应用价值又对高校教学具有丰富的参考价值。

衷心希望每位读者，都能够从此书中有所得、有所悟。

元年科技副总裁，元年研究院执行院长 盛桢智

财务管理管什么？这个似乎不是问题的问题，其实就是问题。没接触过财务管理的人说，财务管理就是管钱！你家管钱的人懂财务管理吗？可能不懂，没学过财务管理的人也能管钱。如果把财务管理理解成“管住钱”，还真不需要多大的学问。如果我们说财务管理是让钱生钱，显然其中就有大学问。100 元变成 200 元，200 元变成 400 元……中间都经历了什么？ 100 元变成 50 元，50 元变成 20 元，20 元变成 0 元甚至负债，其间又发生了什么？把其间的事情记录下来，把其间的故事讲出来，把其间的对错摆出来，把其间的功劳分出来……财务管理的方向、思路、方法和效果就凸显了。本书就是顺着这个思路开始讲解财务管理的。

我并不勤奋，但写书是需要勤奋的。但几年来积累的“老铁”和“老粉”总希望我写点东西。于是我在微信上设立了一个“财务磨刀时刻”专栏，用群聊的方式探讨财务管理的相关话题。你问我答，就这样不经意间我们一起捋出了一些有关财务管理的思路。不管好不好，反正粉丝都喜欢。也许您对我一无所知，当然也谈不上喜欢；也许您看了本书后会有自己的感受，我欢迎各位批评赐教。

温兆文

目 录

1 财务认知篇

2 成本篇

3 预算篇

1

财务认知篇

强调社会效益的企业可以不赚钱吗？

提问： 我所在的公司是一家国有企业，主要负责政府安排的各项公用工程项目。最近公司来的一个总经理在会议上说，国有企业不要以营利为目的，我们的任务是把上级布置的任务做好，即使不赚钱甚至赔钱也可以。可是上级部门每年给我们下达的 KPI（Key Performance Indicator，关键绩效指标）中很重要的一条就是盈利指标。经营者说可以赔钱，上级部门却要求必须盈利。请问老师，强调社会效益的企业可以不赚钱吗？财务管理者应该怎么思考这个问题呢？

我们在讨论这个问题时，抛开“国有”这两个字，先谈谈“企业”。我国古文化中，并没有“企业”一词，如其他一些现在已经广泛使用的社会科学词汇，如干部等，都是从国外引进的。“企业”一词对应的英语是“enterprise”，由两个部分构成，“enter”和“prise”，前者具有“进入”的含义，后者则有“回报”的意思，两个部分结合在一起，表示“获取回报的工具”。从字面上看，“企业”是指为获取回报而从事某项事业。我认为也可以将“企业”解释为“企图成就一番事业”。

或许有一些正在创立企业的人会说：“我才不是为了成就一番事

业，我就是想赚钱。”其实赚钱跟成就事业并没有冲突。成就事业是过程，赚钱是结果。事业有大有小，但赚钱不分多少，不赔钱就是胜利。企业都是为赚钱而生的。但是，国有企业负责人说：“我们办企业的目的不是赚钱，是为人民服务，我们追求社会效益。”事实上，为人民服务也需要用钱。假如用几亿元修了一段铁路，造福了沿途的人民，但这件事没有赚钱，请问你还能在其他急需铁路的地方修吗？修不了，因为修上一段路你没有赚钱，别的地方的路也没有钱修了。

不管是什么样的所有制企业，从经济和发展等角度来看，只要称为“企业”，赚钱都是永恒的主题。

根据以上理解，我们就很容易回答上面的问题。首先，国有企业总经理公开宣扬“不以营利为目的”是不对的。这违背了企业的本质和使命，企业的使命就是赚钱。这也违背了“总经理”的使命，即带领企业赚钱。

记住，赚钱是企业永恒的主题。

企业靠谁赚钱呢？

提问： 在企业里，大家都在赚钱，大家也都在花钱，谁应该花钱，谁应该赚钱，谁也说不清楚。财务人员希望说清楚再花钱，但结果花了钱也说不清楚，企业基本上是糊里糊涂地花钱，糊里糊涂地赚钱。请问老师，赚钱究竟是谁的责任呢？是大家的吗？但通常人人有责等于人人无责。

企业的使命就是赚钱。企业是集体性组织，责任需要落实到人。谁应该负责赚钱？当我们提出这个问题时，很多人的大脑里马上浮现出老板。老板也义不容辞地承担起赚钱的责任。但是，各级雇员也说自己在帮老板赚钱。到底是谁给企业赚钱呢？大家又是通过什么方式给企业赚钱呢？比如财务管理人员可能不会直接参加企业赚钱的活动，但会通过管理推动别人赚钱。再比如，一个采购员明知道企业将买的某台设备的价格比别人高了 10 万元，采购员会在第一时间要求供应商降价吗？如果会，他就替企业节约了 10 万元，也就等于他为企业赚了 10 万元。但是，个别采购员不但不要求降价，还加价，从供应商那里得到 5 万元，请问财务管理人员有什么办法可以防止这类问题出现呢？有人说，这不是财务管理的范畴，这是违法受贿的范畴。但如果采购员把价格加上去，虽然危害依然存在，而他本人并没有从中牟利，这事该不该管？这又属于什么管理范畴？

在英语中，有两个非常重要的词汇，但翻译之后其本义就变淡了。第一个是“responsibility”，中文翻译成“职责”。采购员把企业需要的设备买来了，供应及时、质量检验合格，就算履行了职责，他是合格的员工，有资格拿工资。如果他买的设备可以降价 10 万元，但他并没有要求降价，请问他还是一个合格的员工，还有资格拿工资吗？你可能会说：“如果我知道肯定不给他发工资，但是我知道的可能性很小。”

一些企业出现了一个可怕的现象：企业在想办法赚钱，老板在想办法赚钱，但员工不给企业赚钱，甚至给企业之外的人赚钱。不给企业赚钱的人不是一个，而是一群。出现这种情况，就是因为我们忽略了另一个重要的词汇——accountability，中文也翻译为“职责”。这个职责和前面一个职责有什么不同呢？

第一个职责（responsibility）是“行政职责”，就是做事的责任。在企业，领导在行使行政权力，而员工在接受行政命令，员工最后很好地完成了领导交办的工作，就是履行了行政职责。履行结果的好坏由领导凭主观印象评价。主观印象包括领导对做事结果的主观判断，比如做事快、效率高、质量好，也包括凭个人情感、关系进行的评价。所以一个企业、一个部门、一个员工的行政职责评价只是能力的评价，并不是结果的评价。

第二个职责（accountability）是“经济职责”，就是赚钱的责任。比如一个采购员的经济职责是把买一瓶水花的 0.8 元想办法降到 0.6 元、0.5 元、0.4 元……从这个角度看，就是履行经济职责。

在很多企业，履行经济职责的似乎只有老板，其他人好像都是在履行行政职责。履行行政职责是刚性的，领导下达了行政指令不做不行；而履行经济职责是弹性的，其结果当下是看不到的。在很多企业，老板肩负着经济职责，员工肩负着行政职责，这就意味着，老板是来赚钱的，员工是来做事的。这样的组织显然是不公平的。企业必须要把老板肩上的经济职责下沉，让企业所有人都分担老板的经济职责。

将职责分担后，有贡献的人比较高兴，因为原来他就是这么做的，过去没有人肯定他，现在还这么做，既得绩效工资又得奖金，他当然高兴。也有人不高兴，因为他原来没有这么做，现在也不准备做，拿不到奖金也拿不到绩效工资。世上让人人高兴的事情基本没有，如果政策能让老板高兴、让有能力的人高兴，这个企业就有希望。

在企业里，谁有责任来落实经济职责政策呢？有人会想到老板，事实上一百个老板中有九十个不懂什么是经济职责。还有人会想到人力资源部门，但是人力资源部门没有能力制定赚钱制度。人事管理管人，财务管理管钱，这是企业运行的规定。所以，落实经济职责政策自然而然地落到财务管理者身上。所以财务管理的重点就是强化经济职责。财务管理一旦离开经济职责，就如同鱼儿离开了水，这也是为什么很多企业的财务管理人员做了几十年，还是默默无闻的会计。企业靠谁赚钱？财务管理指出靠“强化经济职责”赚钱。

如何强化经济职责呢？

提问： 老师，经济职责范围太大，感觉无从下手。具体到销售、生产、采购、研发、后勤保障、行政、物流等系统，我们应该如何强化经济职责呢？

如果要保证一件事情正确，必须要做到以下四点。

- **正确的思维**
- **正确的角度**
- **正确的方向**
- **正确的方法**

财务管理的正确方法是“管理会计”。学过财务管理的人都或多或少地学过管理会计，实际应用却不理想。不像财务会计那样有现存的规律，有章可循，管理会计基本上是依靠个人的钻研。在我看来，财务管理是锤子，管理会计是钉子，经济职责是板子。没有钉子，锤子的功能无法发挥；没有锤子，钉子作用无法发挥；只有锤子和钉子一起做功，板子才能被穿透。

现在有很多人提出，财务管理应该推动财务会计向管理会计转型，我对此没有信心。一个做了几十年财务会计的老会计，骨子里浸透了制度、规则、手续，突然让他放弃这些，从赚钱的角度，为管理者算账，如同让一个一直用手术刀治病的外科大夫，突然放下手术刀，用药治病。

我国于 2014 年开始大力推行管理会计师能力认证体系，虽然体系还不成熟，但有了好的开端。

什么是管理会计？我认为管理会计就是做以下四件事：**一是编制管理报告，二是全面预算管理，三是绩效评价，四是内部控制。**我们可以从核算开始，用管理会计的方法重新整理会计信息，编制管理报告。财务报告只报告结果不报告过程，管理报告既报告结果又报告过程。财务报告说盈利，管理报告可能会说亏损。财务报告说盈亏的计算过程，管理报告说盈亏的产生过程和经济责任。

针对提问，我认为强化经济职责的工作可以暂时放一放，财务人员先要武装好自己，账算不清楚、说不明白，经济语言也不懂，做合格的会计都不行，更别提强化经济职责。**先强化自己然后强化别人，这是硬道理。**当然，如果时间紧凑，也可以在学中干、干中学，可能会走些弯路、摔些跟头，但最终会走到对岸。

老板总是调整预算怎么办?

提问: 在公司制订新一年的预算后，老板往往喜欢创新，比如他觉得产品不好卖了，就出新产品并强令加盟商推广，结果新产品卖得不好，形成新的备货库存，老产品又因为客户注意力转移而销量下降。老板突然又觉得现在展厅陈旧且后年租赁就到期了，忙活着找新地址重新建设展厅，花费了700万元，而年初预算里根本就没有建设新展厅这一项。公司信息化系统上线两年，问题非常多，老板又外聘人员，花120万元用一年时间自己开发软件，这个也是没有预算的。有时候跟老板谈，他说公司发展不变的永远是“变化”，总不能因为没有预算就不变。但是这些变化导致预算几乎全盘落空，每个月的预算执行汇报都偏离得非常严重。我的疑惑是，如何应对预算计划运行时突发的一些大项投资或费用?经济市场随时变化，确实不能因为预算就限制公司随之发生的改变，那就要随时做预算整体调整吗?但各个部门的收入、利润年初是制订好的，对于后期的变化导致预算调整，各部门肯定不同意。请问老师对此事怎么看，如何应对呢?

我一直强调预算管理的目的是改变管理者的风格，使其由“小和尚做事风格”变成“老和尚做事风格”，通过改变管理者的风格影响企业的做事风格。

小和尚是没有定力的，今天想一出明天又是一出，今天想了明天改，美其名曰“灵活机动”，实际上是没有内在功力。其实每个人都做过“小和尚”，关注眼前，很少考虑未来，每个人都想有老和尚的定力，但很多人终究没有。很多东西，在道理层面上认识并不难，大部分人是讲道理的。讲道理和懂道理容易，但按道理做事就很难——不是事情有多复杂，而是按那个道理做事不符合自己的意向。这样，自己就想出一个道理，既说服自己也试图说服别人，然后理直气壮地做自己想做的事。前文提到的公司老板做事基本上就是这样的逻辑。让这个老板自己改变很难，因为人很多时候无法按公理做事，所以我们将公理上升为制度，制度具有强制性，人们不得不按制度做事。

预算管理就是执行制度，是迫使按“私理”做事的人接受预算的“公理”。很多人刚做企业管理时，根本不习惯“预算管理”，做的第一件事就是挑战预算，理由是“预算是死的人是活的”。其实预算和人之间不是对立的关系，但企业中有些管理人员想要标新立异，显然是不行的。前文提到的公司老板的“小和尚”的做事风格还没有褪去但已经成了“老和尚”，这就是彼得原理的体现，还没有完成蜕变的过程。面对这样的老板，应该给他一个蜕变的过程。**财务总监应该及时通过滚动预算预警预算修改和变动的后果，有些预算调整会影响企业的现金流，有些预算调整会影响企业的盈利**。前文提到的公司老板推出新产品后营销失败，新产品销量没上去，老产品销量又下降的情况，显然影响了公司当期盈利，财务总监要通过管理会计的方法快速预测危害结果，及时预警，如果老板的当期盈利压力大一定会及时纠正行为。可能这个老板没盈利压力，所以又花 700 万元建展厅、120 万元开发软件。这些预算调整对当期盈利影响不大，主要是影响现金流，财务总监需要快速预测企业资金压力，监测资金压力是否可能导致资金断流。从描述的情况来看，似乎这个问题也不大。**如果公司老板既没有盈利压力也没有资金压力，也就没有经济职责。**预算管理的目的是强化企业的经济职责，没有这个职责，任何管理都是业余事情。

业务部门不配合，怎么推进业财融合？

提问： 老师，您曾经提到您组织设计的生产采购系统成功实现产品外壳材料替换，为公司降低采购成本 5 000 多万元，使产品外壳由进口转为出口。我所在的公司也存在这样的问题，但是业务部门不配合，老板也觉得无所谓，根本无法推进，我应该怎么办？

我推动这项工作时，身份是高级财务分析师，行政权力很少。刚开始，我在财务分析会上提出产品外壳进口太贵，国内采购应该很便宜。究竟能否在国内采购、会便宜多少，谁都不清楚。采购人员做了一些调查之后，回复做不了。我只是认为外壳不是产品的关键功能，也不体现关键价值，替换没有太大的质量和市场风险，如果只是为了防潮、防腐，则没有必要使用高档材料和复杂的工艺。这在管理会计中叫剩余品质，业务部门也同意，他们只是想国产化，没有想到即使是国产外壳也有剩余品质。我用管理会计的思想打开了大家的思路，因为他们绝大部分人的管理会计知识储备几乎为零。没知识，不代表不懂道理。即使懂了道理，他们也未必会积极去干，但是制度推动了业务部门积极地跟着我干。年初 KPI 考核中采购降成本是有指标的，这个指标考核采购人员，同时对设计人员的影响为85%，对生产人员的影响为70%，对财务人员的影响为70%。也就是说，采购成本降低了，采购人员奖励100元，设计人员奖励85元，生产人员和财务人员各奖励70元。大家有共同利益，利益共同体的战斗力是非常强的。利益推着大家积极做事。

做财务管理要忘掉权力拿起制度，有了制度，利益联结了，业务财务自然就融合了。你在制度上花了多少工夫？你的制度是推动业务财务融合还是把业务部门推到对立面？如果你制定的制度永远把业务部门变成管制的对象，你永远得不到配合，也永远不会有财务管理成效。

董事长和总经理对预算管理态度不一致怎么办？

提问： 公司的董事长非常积极地推动预算管理，经常找我谈如何加强预算管理。但公司总经理的积极性不高，他说预算管理是纸上谈兵，公司不是“算”大的，而是“干”大的，与其浪费时间盘算，不如实实在在地干，兵来将挡，水来土掩，见招拆招。请问老师，如何改变总经理对预算管理的认知呢？

对于这个问题我有以下几点想法。

第一，我不认为总经理不做预算管理是由于“认知不足”。我认为这可能是总经理故意敷衍。从描述的情况来看，这位总经理是个性十足的人，可能也比较能干，曾经的业绩也不错，这让他忽视了科学方法的存在。

第二，能干的人是不愿意被束缚的，他们会把任何事前的推演和计算都视为对自己“潇洒”的限制。

第三，董事长已经非常清楚地看到了这位总经理的优势和劣势，之所以积极推行预算管理，是因为他想通过预算管理这根缰绳拴住这匹可能乱跑的“野马”。越是能人，越要对其强化预算管理的控制功能。对企业也是这样，企业发展得越快越要有正确的引领，否则就会像脱缰的野马，随时可能摔下悬崖。

财务总监当然要站在董事长这边，大力推进预算管理，通过董事会采用 TD（Top Down，自上而下）方式，向企业管理层下达 KPI，同时会同人力资源部门制定严格的考核制度。

所以，我认为董事长与总经理对预算管理持有不同的态度，不是认知的不同，而是法治和人治的较量。

会计有没有管理功能呢?

提问：会计究竟是一个职业还是一个职务？如果会计是职业，就说明会计是技术活儿；如果会计是职务，就说明会计有一定的权力，有权力就有管理功能。老师，对此您怎么看呢？

很多人认为，会计既是职务也是职位，会计从诞生那天起就履行管理职责。

以前，会计是干部职位，是干部就要管理别人。对于会计是否能履行管理职责，是否管理有效这个问题，不妨从财务会计说起。

财务会计算账的目的是筹集资金，要按规则、制度算账，所以财务会计在国外又叫 statutory accounting（法定会计）。财务会计算账只追求结果不在乎过程，因为它的服务对象关心的也是“钱给你了，你能不能增值，增值多少”，至于用什么方法增值，如何增值，投资人并不关心。所以国外对会计的定位就一条“information system”（信息系统），大量的经济业务经过会计的梳理，得出了“利润”“资金”“资产”“负债”的结果。只要有了结果，财务会计的使命就结束了。当然有很多人希望财务会计再多得出一些信息，让这些信息发挥更多功能，于是财务会计开始进行功能扩展。财务会计的功能开始无限放大——决策、分析、评价、监督、控制……但是，一个只知结果不知过程的人怎么可能决策、分析、评价、监督、控制？业务人员请客户吃饭，真吃了吗？该吃吗？吃的效果如何？有没有浪费？财务会计人员能根据一张报销发票进行决策、分析、评价、监督、控制吗？要想做到这些，有一个办法，业务人员每次请客户吃饭，财务会计人员就跟着一块儿吃，这显然不太可能。财务会计人员无法既参与又监督，就只能追求形式和手续完善，只能核查发票是真的还是假的、抬头有没有问题、日期对不对等。这就是财务会计的“管理”功能，但不是真正的财务管理。

所以，财务会计没有管理功能，财务会计不可能做财务管理。

到底怎样认识管理会计?

提问： 管理会计究竟应该干什么？是不是财务会计不做或者做不了的工作就是管理会计的工作？

这个问题实际上是问管理会计到底是什么，干什么活儿。我要是问皮鞋是什么样子，每个人的脑海里都会呈现一个样子。我要是问草鞋是什么样子，每个人的脑海里也会有模样但可能都不同。做皮鞋比较简单，先打个样，照着图做就行。做草鞋却打不了样，只能根据想象做，所以我国有句歇后语：草鞋没样——边打边像。财务会计是“皮鞋”，管理会计是“草鞋”，管理会计基本无样。有些人把财务会计的一些延伸工作说成是管理会计的工作。比如对会计报表做一些说明或者计算一些指标，如同给皮鞋打几个补丁，其本质还是财务会计。

有一次我在某所知名大学讲课，谈起财务会计在管理中的缺陷时，有一位财务总监很不耐烦地说他们现在大部分时间是做管理会计，早不做财务会计了。我问她：“你们公司今年的盈亏平衡销售额是多少？”她无言以对。这说明她认为的管理会计就是不做会计的管理，这实际上是在重复财务会计的工作。若公司已经倒闭，财务会计继续编制报表，编完后高喊“老板，公司果然倒闭了”，管理会计说“财务会计说得对”。这样的情形在管理上，财务会计是马后炮，管理会计更加是马后炮。

还有一种情形是把所有的管理活动都说成管理会计。公司在经营管理过程中会利用各种信息数据进行评价、分析，会有各种计算活动，但我们不能把公司经营活动中所有计算活动都叫成“管理会计”。

前一段时间我看到一本管理会计相关的书。这本书基本上是把企业经营管理过程中所有表格制作和分析都归类为管理会计。还有的书泛化了会计管理功能，认为其似乎无所不能。这些书的内容会让人误认为，管理就是会计，会计就是管理，任何人都可以做管理，任何人都可以做会计，淡化了管理和会计的科学性和专业性。皮鞋和草鞋都是鞋，都是给人穿的，但其做法是完全不一样的，难度也不一样，舒适度当然更不一样。

所以，不是所有的计算都属于会计，也不是所有会计都属于管理。

管理会计如何为企业计算未来呢?

提问： 老师您经常说，管理会计是为企业计算未来，为企业选择可能的发展方向。但实际上我们都是基于财务会计的数据来做管理会计，管理会计基本上是对财务会计数据进行解读，比如边际贡献法实际上是从另一个角度解读历史数据，解决的还是历史问题。而企业的发展在于未来，管理会计应该着眼于未来，请问怎样使管理会计为企业未来进行计算，并指导企业未来行动呢?

要回答这个问题，我们要把前面强调的一个词再搬出来——accountability（经济职责），管理会计的目的是计算经济职责，大部分工作和方法都应该以这个目的为圆心画圈。有人给管理会计画了 4 个圈——预测、决策、控制和评价。这些是企业管理的通用功能，并不是管理会计专属的。我们应该从经济职责这个点出发思考，管理会计必须做哪几件事才能帮助企业解释过去、改善未来。

首先，我们必须为老板在制定责任目标时提供方法和依据。为了让目标具有积极的引导意义，我们必须要有一套科学的目标预测方法，所以“预测”不是管理会计的功能，而是管理会计的手段，其目的是让老板更合理、有效地确定经济职责目标。再合理的目标也必须要执行，于是，管理会计推出一个重要手段——“预算”，预算就是强迫企业执行业已确认的预测值。但是强迫执行不是机械执行，也不是为了秋后算账，而是根据情形及时地修正目标，进行切实可行的过程引导，于是管理会计又推出了修正目标的手段——滚动预算。为了让管理者及时了解各责任中心的责任履行情况，管理会计又推出了过程评价表——管理报告，让管理者知道责任履行的不足，以便及时采取措施予以调整。经济职责的履行离不开经济利益，管理会计推出了一系列评价指标和方法，告诉责任人谁有功，谁有过，应该奖励谁，应该惩罚谁。

从上述管理会计的行动上来看，**管理会计帮助企业形成了经济职责的管理链，即形成目标—执行—评价—调整—完成目标。**该链正是现代企业力求打造的重要制度：经济职责的闭环控制系统。也就是说，预测是为了决策，决策是为了明确目标，明确目标是为了评价，评价是为了改善，所有这一切都是为了“有效控制”。这些才是管理会计的价值链和工作逻辑。

1922 年奎因坦斯在《管理会计：财务管理入门》一书中就提到，管理会计不是管理而是会计，是为管理者的决策、控制、评价和考核提供信息的一个系统，本身并不能也不被授权直接管理企业。很多管理会计的书都让人误以为管理会计是一个行政职务，而实际上管理会计是一个技术工种。

我常说，管理会计是钉，财务管理是锤。钉必须要知道锤的工作原理，锤必须要知道钉的打磨方式，二者才能配合工作，但无论是锤还是钉都能钉住企业的未来，让可能变成现实。

做管理会计就是财务转型吗？

提问：有人认为财务管理转型就是财务会计向管理会计转变。有一个朋友很疑惑，公司天天在喊转型，难道设立一个管理会计部就是转型？转型的通道在哪里？转型成功的标志是什么？将财务经理叫成 CFO 就是转型成功了吗？

财务转型这个题目很大，一两句话说不清楚。我们先说说“会计”这个职业吧。人类为什么需要会计？任何一个职业都是为需求而存在的，最先需要会计的是做买卖的人，英文把这个职业叫“accounting”，把这类人叫成“accountant”，原意是“计数的”，所以外国人有时叫会计“Mr Bean”（数豆先生）。为什么一定要有一个人计数呢？因为做的生意规模太大，老板忙不过来，方法不统一，是赔是赚弄不清楚，只好找专职的人干这个工作。专职的人开始也糊里糊涂，经常出错。干着干着，专职的人逐渐找到了一套比较好的计数方法，出错率越来越低。后来想从事这项工作的人必须先学会这套方法，也就是“复式记账法”。国内外都有这种方法，只是名称不一样，方法基本上一样，就是“一笔钱两笔记”，规则有些区别。

后来有的人生意规模做大了，以前用自己的钱做生意，现在市场很大，需要拉别人入伙或者向别人借钱，入伙人和被借款人都怕无法赚钱，所以都会问生意人："你做的生意赚钱吗？"于是生意人就让会计出一个表，证明做生意是赚钱的。但是张会计和李会计给出的结果不一样。张会计与李会计对账，发现他们的计算规则不一样，为了保证会计口径一致，张会计和李会计制定了统一的计算规则，这就是"会计准则"，后来从事这项工作的人都按这个算账。这些人被统称为"财务会计"。**财务会计的工作是按共同接受的规则和制度计算经营结果，目的是取得入伙人和被借款人的信任，用别人的钱做自己的事。**当然也有财务造假的行为，把不好的生意说成很好，但这不是会计的主意，是老板的主意。入伙人和被借款人也害怕被欺骗，从外面找了一些自己信任的会计去查对方的账，鉴证计算是否正确，这就诞生了另一个职业——"审计"。财务会计从诞生那天起就是为制度和规则服务的，一切按制度办事的结果就是人的主观能动性没了。我做过团队角色测试，创新得分最低的职业就是会计。做财务会计的时间比较长的人，性格就会被固化，所以会计逐渐成为缺乏创新的职业。财务会计是守制度的人，不知不觉把自己变成了企业的"裁判"，成为企业经营活动中的"第三方"，总是用对或者错进行评判。但是，很多情况下企业是要在对和错之间找一条路存续，财务会计没有这个能力，于是诞生了一个新的职业——"管理会计"，顾名思义，为管理者算账的会计。这就是管理会计诞生的背景。

财务会计和管理会计虽然都是会计，算账的方法却完全不一样，具体怎么不一样我后面再详细介绍。

管理会计究竟应该干什么，不应该干什么呢？

提问： 管理会计早在二十世纪七十年代在其他国家就很流行了。三十多年前，我国的财经大学就开设了管理会计的课程。CPA（Certified Public Accountant，注册会计师）考试中就有管理会计的内容。但管理会计究竟应该包含哪些内容，大家的说法都不一样：有人是把管理会计理解成“财务分析”，即会计数据的再加工，有人把管理会计理解为“企业管理”，即无处不在、无所不能。请问老师，管理会计究竟应该干什么，不应该干什么？

前面说过，财务管理为“强化经济职责”而生，靠什么强化？靠制度！制度是人定的，是被组织授予财务管理职权的人（财务总监、总会计师、财务副总裁、财务经理等）定的。当然制度最终会在得到公司认可的情况下，作为公司的意志来表达。这些人如何制定制度呢？有些人是国家法律制度的“二传手”，有些人表达个人意志或老板意志……如此这般，管理会计就变成了小姑娘的辫子，想怎么编就怎么编。这样管理会计就没有科学之言了。

我认为只要是围绕“经济职责”算账的，都是管理会计。有个企业家说，奖金发放的条件是“you beat my expectation”（你有超出我预期的业绩），那么这里的 expectation（预期）是什么呢？用什么来表达呢？应该是预算。**编制预算是为“经济职责”设定期望值，编制预算的技术和方法是管理会计。**按经济责任中心记账和算账的方法和技术属于管理会计，编制管理报告属于管理会计，用量本利、责任会计、机会成本、沉没成本、错位成本、质量成本等来进行“经济职责”评价的属于管理会计，依据“经济职责”评价企业内部控制和风险防范也属于管理会计。**管理会计归根结底还是会计，会计离不开数据，用数据来推动企业业绩改善的就是管理会计。**哪些不属于管理会计呢？没法用数字表达、跟钱没有关系的事情，比如态度、风格、心情、关系、满意度等。管理会计是为管理服务的，当然不能越俎代庖，僭越行政、人力资源、纪律检查等管理的边界。

管理会计不是新话题，为什么现在再次被提及？因为之前我们连“什么是企业”还没弄清楚，对企业是不是应该赚钱还在争论中。现在企业赚钱已经不是有争议的题目了，变成天经地义，而且现在企业开始注重精细化管理，以精细化管理为目标的管理会计当然就派上用场了。

管理会计的准则是什么呢？

提问： 财务会计有会计准则，会计核算都要遵循这个准则。请问管理会计有什么需要共同遵循的准则？

我们在前面已经明确，管理会计的基点是“经济职责”，围绕经济职责算账的，就是管理会计。管理会计的体系搭建必须时时刻刻体现“经济职责”的诉求。财务会计有 GAAP（Generally Accepted Accounting Principles，一般公认会计原则），管理会计是不是也应该有准则呢？我认为没有必要。管理者的需求就是管理会计规则。

我在某知名大学讲课时，有一个营销总监问我，为什么老板一般说话不算话。我告诉他，说话算话的大多不是老板。还有一些企业的成长逻辑让人感到很郁闷，管理一塌糊涂，按说早就该倒闭了，可是它不但没倒闭，还越做越大。很多人以为企业好是因为管理好，这是一个误区。**企业好主要是因为经营好，管理好是让经营更好。**经营和管理是两个不同的境界。

经营无方，管理有道。企业经营没有统一的方法，基本上不按牌理出牌——别人不做的，我做；别人胆小，我胆大；别人想清楚再做，我不想就做；别人回头的，我继续走。所以，一个不懂管理的老板照样可以把企业做大。企业成长来源于4个字——开源节流。经营是“开源”，想办法在企业外面赚钱；管理是“节流”，想办法在企业内部赚钱，不能怎么赚都行，要“有道”。“有道”就是追求“3E”：economy（节约）、efficiency（效率）、effectiveness（效果）。“3E”原则正是管理会计中经济职责的最好注解。

管理会计是否遵循“四大假设”呢?

提问： 请问老师，没有货币计量的会计怎么做？拿什么表达效率、效果、质量、满意度、美誉、人才等？

归根结底，会计就是算账，无论是财务会计还是管理会计都要算账。当然除了算账以外，夸大会计的其他功能也没有必要。管理会计和财务会计的区别主要是算账的方法不一样。财务会计算盈利，管理会计可能算亏损。为什么会这样？因为二者各自遵循的规则不一样。财务会计计算经营结果时有四大假设，如果四大假设不成立，它就计算不了。

第一是会计主体假设。财务会计通常假设的主体是经济主体，就是以经济主体为单位计算盈利结果，经济主体以下的单位如车间、产品线不作为计算对象，它不回答某个车间或某条产品线是否盈利和盈利多少。而管理会计不遵循这个假设，可以计算车间、门店、产品线、部门甚至个人的盈利情况。

第二是持续经营假设。财务会计算账的前提是经济主体不倒闭，这就会出现企业实际上已经倒闭，但财务会计继续报告利润的情况。比如某台设备的原始价值是 10 万元，按规定折旧 5 年，每年提取折旧 2 万元，一年后账面价值是 8 万元，而这台设备一年后市场价值只有 3 万元。也就是说这台设备实际价值只有 3 万元，但财务会计继续报告资产价值为 8 万元，尽管这可能要赔 5 万元，因为会计持续经营假设是假定继续使用该设备，而不是卖掉。这个假设实际歪曲了资产的真实价值，隐藏着可能的亏损，设备一卖，亏损就会反冲以前的利润。这样，财务会计计算的盈利就不准确。但是管理会计不遵循持续经营假设，计算经营结果时，既要考虑现在和过去的代价，也要考虑未来的可能代价，即考虑企业的“机会利润”和“机会成本”。管理会计下，潜在的亏损都要报告出来，都要从会计利润中扣除。这样两种会计就会算出截然不同的经营结果。

第三是会计分期假设。财务会计在计算经营结果时以月、季和年作为核算期间，假定企业在自然月份中某个时点暂停经营活动，然后计算经营结果，定期发送财务信息；根据管理者的需求发送实时信息是做不到的，一切都要等会计期间结束。这个假设忽视了企业管理中的轻重缓急，导致管理者不能及时获取十分关注的信息，必须等会计期间结束后才能获取。有些企业在年终结账时正值经营活动的旺季，但会计为了结账让企业经营活动暂停（暂停发货、暂停报账、暂停服务等），这造成会计与业务之间产生很大的冲突。管理会计不遵循这个假设，不按公历年度设定会计分期，而是以企业经营规律作为会计分期依据，通常把结账期设定在淡季，除有月报、季报和年报外，还根据管理的轻重缓急发出日报、周报，以便管理者及时采取行动。而且管理会计中的经营快报比财务会计发出得早，管理者有时间采取行动改善经营结果，以获得更大的盈余管理空间。

第四是货币计量假设。财务会计必须用货币来表达经营结果，凡是不能用货币表达的一律不考虑计算经营结果，而且只接受已经形成货币的事实，不接受可能形成货币的假设。房子再值钱，只要没卖，都不承认其价值，因为没有形成货币，无法计量。形成货币且可以计量才可以入账。现在不赚钱，未来很赚钱的事项，不考虑计算经营结果。现在很赚钱，未来要赔钱的事项，不考虑计算经营结果。现在省钱但效率低、满意度低的事项，不考虑计算经营结果，因为会计科目里没有“效率”和“满意度”。管理会计不仅接受货币计量还接受非货币计量，也要计算会计科目之外的内容，比如 EVA（Economic Value Added，经济增加值）、idle cost（闲置成本）等。

管理会计怎么算账呢？

提问：管理会计的算账方法与财务会计究竟有什么不同？在实际处理时我们好像将财务会计的算账方法用于管理会计，这样做对不对？

财务会计算经济结果，管理会计算经济职责，所以它们的算账方法都是为实现各自的目的而展开的。

财务会计告诉老板今年公司赚了 3 000 万元，管理会计告诉老板 3 000 万元的利润是谁赚的。要回答这个问题，我们要用到一个方法——边际贡献（contribution margin）法。这个方法可以回答 3 000 万元的利润是谁贡献的，谁没有贡献，谁造成了亏损。这样老板就知道应该奖励谁，应该惩罚谁，应该推动谁，应该辞退谁。

边际贡献法来源于经济学中的边际效用理论。其原理是，当固定成本得以弥补后，后续收入转化为利润的程度会显著加大。将这个理论转化为实际就是计算管理会计中的边际贡献。要想计算边际贡献，管理会计必须将成本按习性划分，即将成本划分为固定成本和变动成本。但是这个事不容易做，因为成本按习性划分基于财务会计的成本核算，它的成本核算遵循四大假设和八大准则。有时候模糊成本习性对财务会计影响较大，成本只是一个被减掉的数，一项支出是算到成本还是费用里有时不太重要，只是先减后减的问题，只要收入准确，利润准确，中间过程有时不必太考究。

中国成本协会发布的《成本管理体系术语》标准中对成本的定义是：为过程增值和结果有效已付出或应付出的资源代价。公司里所有的花费都是为增值而付出的资源代价。这就说明财务会计在成本的认定上没有明确的标准，公司有一堆乱账，基于这堆乱账来划分固定成本和变动成本，计算边际贡献划分成本责任，是不行的。所以，管理会计要做的事情是按照管理会计的成本认定标准，对财务会计认定的成本进行分类。

财务会计转型管理会计存在哪些障碍呢？

提问： 财务转型期间不能清晰地认识财务管理、管理会计，是很多企业老板的痛点，在很多时候，企业转型失败了，也让人很摸不到头脑。请问老师，怎样正确认识它们，以及阻碍企业财务转型的障碍都有哪些呢？

什么是管理呢？我认为“管理”就是推动，它是一个过程。如同往木板上钉钉子，是工人、锤子和钉子协同运动的过程。要完成这个过程需要几个方面的共同工作，第一需要锤子，第二需要钉子，第三需要发力的人，只有这三个要素合在一起才能完成工作。其中钉子就是“管理会计”，没有锤子，钉子再硬也不能发挥功效，它不能自己完成钉入木板的任务。同样，锤子如果不砸钉子，它也不能发挥功效。也就是说，管理者不用“管理会计”这颗钉子，财务管理根本没有入手之处，胡乱砸会把木板砸烂。当然更重要的是发力的人，如果这个人根本不懂如何用锤子，如何砸钉子，财务管理就变成毫无依据的工具。

很多企业的财务总监在会计师事务所工作过，注册会计师的职业习惯之一是“裁判”。很多老板认为他们最懂财务管理，这是误区，其实他们最懂的是财务会计。当然不排除有些转型很好的注册会计师确实很懂财务管理。也有很多企业尝试财务转型，但大部分都失败了，为什么？我认为财务转型存在四大障碍。

第一，企业的盈利模式障碍。大部分企业都是粗放经营，老板是利润机会主义者，只要有钱赚就没有精细化管理的压力。

第二，“能人治理结构”障碍。“能人治理结构”是指由能人管理企业而不是由制度管理企业。能人不相信管理是一门科学，他们所管理的企业基本上处于“一朝权在手，便把令来行”的状态，无法建立制度治理体系。

第三，财务人员没有经济责任考核指标。没有考核就意味着财务人员没有“裁判员变运动员”的制度压力。

第四，管理会计没有成熟的体系。连管理会计的具体含义是什么都不清楚，转型当然难以成功。财务管理的转型是一个淘汰升级的过程。

管理会计就是计算“经济职责”吗?

提问: 老师，您说不是所有的计算都是会计，不是所有的管理都是管理会计，请问什么样的计算是会计，什么样的管理才是管理会计呢?

前面提到，管理会计是“草鞋”，草鞋没样——边打边像。因此可能会出现两个现象，一是淡化，二是泛化。“淡化”就是将财务会计的思维方式和方法用于管理会计，把管理会计当成财务会计的“补丁”，新酒装旧瓶。结果就给人们造成一个印象——管理会计没啥学问，懂财务会计的人都能干。“泛化”就是把经营管理中很多量化工具计入管理会计，把管理会计当成“筐”，什么都往里装，结果不仅弱化了会计的特征，也会让人们觉得管理会计没啥学问，会管理的人就能当管理会计。那么，到底给管理会计画一个什么样的形象比较准确呢?

画画先画骨架，给管理会计画像就要从画骨架开始。前文说过，会计是经济发展到一定程度，顺应需求的供给。管理会计的诞生也是这样。财务会计用一套理论、方法、原则回答一个生意的好坏，其目的是筹集更多资金把生意规模做大。但财务会计也有天生的漏洞，它只回答“结果”，比如“赚了2 000万元”，不回答“过程”，回答不了这2 000

万元是怎么赚的。对于外部人来说，只要真实可靠地计算出赚了2 000万元就够了，这足以让他们决定是否投资或借款。但对于内部的管理者来讲，知道结果远远不够，还必须知道赚2 000万元的过程。知道过程，才能搞清楚这2 000万元是谁赚的，是哪个产品、哪个项目、哪个部门或者哪个人赚的，是不是原本可以赚3 000万元但由于经营管理不善少赚了1 000万元。弄清这些问题正是管理者所热切希望的。财务会计对此爱莫能助，因为其知识和方法体系无法给出答案。需求推动生产，一个满足管理者类似需求的方法、原则和理论逐渐形成，这个方法、原则和理论被广泛接受和传承，逐渐形成一门学问，这门学问被一群人掌握，便形成了一个职业，这个职业就是“管理会计师”。

管理者希望弄清楚钱是谁赚的或是谁亏的，其实就是想清楚一件事——经济职责由谁履行。这正好与企业的“初心”相吻合，企业存续的目的就是要把钱由100元变成200元、200元变成400元、400元变成800元……这个过程就是履行经济职责的过程。谁履行了经济职责，谁没有履行经济职责？应该奖励谁、支持谁，应该惩罚谁、否定谁？这是改善经营必须回答的问题。管理会计从诞生那天起就开始寻求回答这些问题的方法、原则，并逐渐形成一套体系。这个体系的基点就是“经济职责”，所以管理会计也是责任会计。弄清楚履行经济职责的情况正是企业的出发点，和老板的诉求正好吻合，也是管理会计的价值所在。财务会计按会计科目算账，而管理会计按责任中心算账。财务会计根据收入、成本、费用和税金计算利润的结果，管理会计根据边际贡献、毛利和责任中心计算利润的形成过程。

千里之行，始于足下。管理会计的“足下”就是经济职责，所以给管理会计画像不能离开“经济职责”。计算“经济职责”的方法是管理会计，离开“经济职责”的计算是算术，不依据“经济职责”的管理是业余爱好。

管理会计如何做财务分析呢?

提问: 财务分析是什么呢?有的人认为是“做表”,有的人认为是“画图”,有的人认为是“写文章”……请问老师,您心目中的财务分析是什么呢?

回答这个问题之前,我们先要明白财务分析是为管理者服务的。管理者为什么需要财务分析,什么样的财务分析才能促使管理者改善经营?前面讲过,财务管理强化经济职责,销售、采购、生产、人事等工作强化行政职责。一个聚焦做事,一个聚焦赚钱;一个聚焦过程,一个聚焦结果。财务分析是财务管理的工具,要从“经济职责”入手,及时准确地告诉管理者谁在赚钱、谁在赔钱,还有哪些地方可以赚钱。所以,财务分析的焦点是“价值评价”,即分析谁在创造价值、谁在消耗价值,什么地方可以挖掘更大的价值,这才是财务分析该做的工作。价值聚焦于三个点,即 economy(节约)、efficiency(效率)、effectiveness(效果),也就是“3E”原则。显然,这三点在会计的账簿中没有充分地记录,有些也无法记录,依据会计账簿和财务报告根本不足以做这些分析和评价。试图通过解读财务报告来实现价值分析和评价的人基本上会无功而返。

我们举个例子。采购员帮公司买了一批生产急需的材料,如果找运输公司运回需要三天，运费为600元，有发票。如果采购员自己运回当天就可以送到车间，采购员希望公司给他300元，但是没有发票。如果从财务会计的角度来看，没有发票不行，因为不符合制度。于是，采购员自己去找发票。采购员拿来正规的运输公司发票，但发票金额是600元，财务会计明知道运输公司并没有运输这批材料，但还是报销了600元。从制度上来说，财务会计这么做是没有问题的，但从“3E”原则上来讲就有很大问题。这种做法违背了“3E”原则。财务会计账簿中没有记录，财务分析如何发现、如何评价、如何引导呢？财务会计不可能放弃制度和原则评价任何事情，这个时候就需要管理会计来解决问题。**管理会计按照“3E”原则执行制度和规定，凡是违背“3E”原则的制度和规定都必须加以完善、废弃或变通，所以财务评价都要符合效益第一的原则。**所以以价值评价为核心的财务分析是管理会计才能进行的分析。

有人说，“3E”原则是管理的三原则，其他部门也在追求。的确，管理部门和管理者都应该追求“3E”原则，但是他们追求的境界不一样，他们的追求往往基于经验，他们的价值判断来自经验和感觉，没有计量，无法验证。例如有一家汽车公司生产部门学习丰田的JIT（Just In Time，准时生产），花了很多钱，但是最后不但生产效率下降了，制造成本还上升了。是JIT不好吗？不是，是因为他们没有使用管理会计的工具和方法，没有进行必要的价值评价。财务管理的最大特点是“用数据说话”，管理会计当然要用数据来评价。提高生产效率之后公司省了多少钱？技术改进使公司获得了什么样的效果？这些都可以用货币进行计算。**管理会计使企业管理从经验和感觉向数据和理性转变，使企业的决策、控制、预测、分析和评价有理有据，使财务管理更能从业务发展的角度制定战略、原则和制度。**管理会计是天然的“业财融合”体现。

离开以“经济职责”为核心的分析和评价，都是自言自语，再多的表格、再美的图画、再精彩的PPT都是没有意义的。

管理会计就是用“3E”原则算账吗？

提问：请问老师，“3E”到底是什么呢？我们该如何理解“3E”原则呢？管理会计就是用“3E”原则算账吗？

前面提到，经营是“开源”，管理是“节流”。节流就要追求“3E”原则。那么，“3E”到底是什么呢？

第一个“E”是“economy”，即“节约”。在管理中，节约就是能花10万元完成的事情不花11万元；现在花了20元做出来的产品，想办法花15元就做出来。也就是我们常说的，能不花钱就不花钱，能少花钱就少花钱。当然，这样也会引发不花钱不做事、做事低效率、产品或服务低质量等问题。所以，我们追求节约，但不能牺牲做事的效率、产品或服务的质量。以效率和质量为代价的节约实际上是浪费，这不是管理想得到的结果。为了防止出现这种问题，管理就要注意第二个“E”和第三个“E”。

第二个“E”是“efficiency”，即“效率”。我们在追求节约的过程中是不是降低了做事的效率，是不是原来一天就办完的事情，由于追求节约现在需要三天才完成？如果是，这种节约就需要重新评估。

第三个“E”是“effectiveness”，即“效果”。我们是否因为追求节约而牺牲产品或者服务的质量，今天的节约是否导致明天更大的损失，甚至更大的法律风险？如果是，这样的节约必须改正，因为这不是真正意义上的“节约”，节约的背后是更大的代价。

从以上三点出发，管理会计与财务会计有了明显的区别。财务会计只计算过去，管理会计不但要计算现在还要计算未来。在其他方面，管理会计不但要计算结果还要计算效果，不但要计算节约还要计量节约的代价，不但可以用货币计量还可以用非货币计量……这些都是企业管理共同追求的方向，管理者想到哪里，管理会计就算到哪里，有时管理者没想到的，管理会计也可以算到。所以，管理会计是管理者的良师益友。

管理报告与财务报告有什么不同呢?

提问：请问老师，什么是管理报告，它跟财务报告有什么不同呢?

管理会计的一项工作是编制管理报告。那么，什么是管理报告，它跟财务报告有什么不同呢？管理报告的英文是“management report”，是管理会计的产品。管理报告是针对具体企业的具体情况编制的，不像财务报告那样有统一的编制方法、统一规则和统一的格式。它与财务报告有联系也有很大区别，主要区别如下。

第一，管理报告不遵循国际通行会计准则，只根据管理要求编制。

第二，管理报告更注重时效，报告频率远高于财务报告，包括日报、周报和月报。

第三，财务报告只报告财务结果，不解释过程，如只报告本月盈亏，不报告盈亏原因，也不揭示责任人。管理报告要将利润形成过程展示出来，不但报告真实结果，还报告盈利和亏损责任人，能更准确地进行财务分析和评价。

第四，财务报告的主要报告对象是企业之外的人，如政府、股民、银行等，管理报告的主要报告对象是企业经营管理者。

第五，财务报告只报告过去不报告未来，管理报告既报告过去更预测未来。

第六，财务报告只报告现实不报告可能，管理报告既报告现实也报告可能。

从以上区别可以看出，依据财务报告进行财务分析和评价是很难的，它不具有相应的条件和基础，基于财务报告的分析如同隔靴搔痒。

那么管理报告的基本内容是什么呢？我认为管理报告必须包含以下内容。

- **责任中心贡献**
- **业态盈利能力**
- **产品边际利润**
- **盈亏敏感系数**
- **机会成本**
- **闲置成本**
- **错位成本**
- **不良资产**
- **杜邦指数**
- **运营效率**
- **资金短缺预警**
- **股价和市盈率**

当然，管理报告不局限于以上内容，各企业应该根据实际情况设定内容。但如果管理报告不包含以上内容，基本上可以说不是完整意义上的管理报告。

成本篇

如何界定成本？

提问： 有的企业对产品成本的认定基本上是把所有支出都列为成本，也没有研究对不对，反正一直是这样做的。还有的企业按照主体划分成本，谁支出就算谁的成本，比如办公室支出的基本列入“管理费”，并不管它是为什么支出的，销售部门支出的列入“营销费用”，并不管它是否和营销有关。到底什么是成本？是否有一个统一的认定方法和标准呢？

什么是成本？顾名思义，做成一件事情的本钱。企业做成什么事了呢？一个产品或一项服务。**让某个产品或者某项服务具备特定功能而付出的代价就是成本**。也就是说跟功能无关的支出就不是成本。

从这个定义出发，管理会计就可以准确划分成本和费用。比如出租车服务，它的特定功能就是把人从甲地送往乙地，实现这个功能要付出什么代价呢？首先要有车，然后要有司机，最后要有汽油，这三个要素缺一个都不能将人从甲地送往乙地。车、司机和汽油就构成了成本要素，与这三个要素有关的支出就是成本，即出租车运营成本（operation cost），与这三个要素无关的支出就是运营支出（operation expenses）。比如，司机的餐费就是成本，而出租车企业管理人员的餐费就是费用，因为管理人员吃饭跟出租车运营功能没有直接关系。即使管理人员不吃饭，出租车也不会停止运营，这项特定服务功能不受影响。

运营成本明确之后，一个管理指标就诞生了——毛利率。**毛利率可以决定企业的经营模式和资源配置的方向。毛利率低的以量取利，毛利率高的以价取利，毛利率不高不低的则量价同取。**毛利率也有一个缺点——它并不是一个绝对指标，而会随着产量提高或降低，可能会出现上个月是 60%，这个月就是 40% 的情况，因为这两个月的产量不一样。所以，毛利率是动态指标，不可以作为经营决策的依据。

管理会计用边际贡献（contribution margin）来评价一个产品、一个环节或一个部门的利润贡献，它进一步把成本划分成固定成本（fixed cost）和变动成本（variable cost）。

边际贡献就是收入减去变动成本。比如出租车本月运营收入是 12 000 元，它的变动成本就是汽油费，本月汽油费是 3 000 元，所以本月的边际贡献是 9 000 元，边际贡献率是 75%。这个比率跟出租车运营里程没有关系，基本上是常数，所以利用这个指标做经营决策比用毛利率更准确。

实践中，很多企业在划分固定成本和变动成本时有难度，因为有些支出不容易明确地区分。比如出租车的维修费是固定成本还是变动成本呢？维修费与运营里程有关，里程越长花费得越多，似乎是变动成本。但出租车不使用也需要维修，跟运营里程没有关系。像维修费这种成本实际上是混合成本（mixed cost），需要根据实际情况进一步区分是固定成本还是变动成本。**如果金额比较小，一般直接认定为固定成本；如果金额很大，足以影响经营决策，建议采用计量工具或经验值予以区分。**

如何从成本的角度分析企业亏损的原因?

提问： 有一家汽车配件加工企业，根据客户提供的图纸帮客户加工汽车配件。目前企业处于产能过剩、竞争激烈、低毛利、高亏损的状态，但是亏损的原因难以分析，怎么办呢?

盈利和亏损是财务会计的概念，是结果性指标。一些情况下，考虑到折旧等因素，在财务会计角度说亏损时，实际上可能是盈利。反之，说盈利时，实际上可能是亏损。如果要了解真实的财务结果，需要使用管理会计的策略——解剖整条价值链。

该企业是一家汽车配件加工企业，产品的成本由材料采购、加工和物流环节的成本构成。因此，亏损的原因可能有三种情况。第一种情况，有些产品在接单时报价低于该产品的材料采购成本，使该产品在采购环节没有边际贡献，那么就会导致亏损。第二种情况，产品报价低于加工成本，使加工环节没有边际贡献，进而导致亏损。第三种情况，产品报价时固定成本分摊不足，造成低报价，使产品有边际贡献但毛利比较低，在接单量不足的情况下就会亏损。当然如果不接单，亏损会更严重。

经济学的规则是量少价高、量多价低。该企业在接单时，应该根据订单量计算产品报价，按盈亏敏感系数确定三个价格：一是盈亏平衡价格，这是底价；二是按盈亏敏感系数的 1.25 倍报价；三是按盈亏敏感系数的 1.5 倍报价。盈亏敏感系数基本上通过综合考虑行业合理盈利和产品风险系数来确定。此外，使用盈亏敏感系数报价时还要考虑企业的竞争力。如果企业竞争力非常强，客户只能找本企业加工产品，短时间加工量也不会增加很多，则可以尝试按盈亏敏感系数进行产品报价。如果客户可以随时撤单找其他企业加工，说明该企业竞争力很弱，不适宜按盈亏敏感系数进行产品报价。竞争力比较弱的企业除了需要考虑材料采购、加工和物流环节的成本之外还需要考虑培植核心价值的成本。例如，以客户关系为核心价值的企业需要增加维护客户关系的招待费，以销售渠道为核心价值的企业需要增加营销费用。当然，产品报价时要将增加的成本计算进去。

企业不管采取哪种报价形式，最终目的是涨价。如果客户的成本压力很大，涨价可能性很小，就需要采取“靶向成本（target costing）法”挤压内部成本。“靶向成本法”是指先明确规定产品的销售利润，倒推挤压采购和加工成本。这就可能会出现产品质量和生产效率的风险，因此如果采取“靶向成本法”，企业就要平衡好收益和风险之间的关系。当然，初次实施“靶向成本法”时不用顾虑太多。成本的压缩空间超出想象。

削减成本一定会带来高利润吗？

提问： 企业董事会认为去年的资本回报不理想，要求以利润为核心编制下一年的预算方案。根据各子公司和各部门上报的利润结果，总经理要求所有成本削减 30%，大家纷纷表示，减成本就得减事。企业这样的做法对吗？怎么做会好一些呢？

资本的代言人是股东，股东的代言人是董事会。股东的想法是给企业的投资能够尽快得到回报，并且是几十倍、几百倍的回报。如果企业不能给股东回报，或者要很长时间才能给他们回报，他们可能会撤回投资。所以，股东不但要高回报而且要高效率。他们的理想是今天给企业投资 100 万元，明天就可以赚 100 万元，后天就可以赚 1 000 万元。按照股东的期望，企业只干一件事：一直赚钱不许亏钱。

经营企业就像养母鸡，母鸡不是任何时候都能下蛋的，企业不是任何时候都能贡献利润的。培育期的“雏鸡”，只吃米不下蛋，几乎都是在亏损；成长期的“小母鸡”，猛吃米猛下蛋，投入大收益也大；成熟期的“大母鸡”，有钱有势，变得敢投资也愿意投资；平台期的“老母鸡”，谨慎投资，重视收益；衰败期的“将死的母鸡”，没有资金投资也没有收益。

股东如果强制让培育期的企业给予利润，如同强制让“雏鸡”下蛋，就是推着企业走向倒闭。股东如果强制让衰败期的企业给予利润，如同强制让“将死的母鸡”下蛋，就是让企业提前倒闭。企业能贡献利润的时期大多只有两个：成长期和成熟期。成长期的优质企业即使不以利润为导向，利润一般能滚滚而来；成熟期的企业规模效应出现，利润一般也会不断增加。

根据问题中的描述，我认为这个企业目前处于平台期。平台期的企业的业务规模不会变大也不会变小，利润逐年递减，股东看到回报不如从前，所以不满意。随着回报不断减少，股东的不满意更加强烈，总经理的压力越来越大。一般来说企业在成熟期后期就应该采取措施实现企业转型，但这个企业显然没有成功转型，所以不知不觉地步入平台期。处于平台期的企业基本不可能追求业务扩张，在营业收入固化的情况下，成本费用不停地增长，利润当然会下降，股东认为企业花费太多，给股东的回报太少，于是总经理开始压缩开支。但是，总经理并不知道谁花费得比较多，只好压缩所有开支。这就是这家企业的总经理削减成本的逻辑。这个逻辑使企业陷入“中等规模陷阱”，规模不能扩大，只好压缩成本。如果削减成本带来利润增长，企业看到了效果，还会继续削减，直到压穿底线，最后企业倒闭。我几乎可以肯定，这家企业接下来会出现“辞职潮”，部门经理先辞职，员工后辞职。大批人才离开企业，企业经营必然出现问题，离倒闭也就只有一步之遥。当然，这种情况只适用于市场化企业，不适用于有特殊背景的企业，如垄断型、特殊平台型的企业，这些企业的盈利更依赖于资源集中化，谁走谁留的影响一般较小。

那么，怎么做更好呢？我有三点建议。

一是向董事会陈述企业的现状，以及削减成本可能出现的利害得失，以免将企业推向衰败。

二是拿出突破业务规模的行动方案，向董事会要求“转型缓冲期”。

三是对成本费用适当控制，不能让股东感觉他们的回报在减少，企业的员工却拿着很高的工资，当然更不能从员工那里“抢钱”去回报股东。

削减成本如何避免“墨菲陷阱”？

提问： 我们在削减成本时经常会出现成本削减了，做的事情也相应减少的情况，也就是少花钱少做事，少做事少花钱，不做事不花钱，不花钱不做事。如何避免出现这种情况呢？

这种情况称为“墨菲陷阱”。企业落入“墨菲陷阱”的情况基本出现在费用削减环节。前面介绍过，成本是让某个产品或者某项服务具备特定功能而付出的代价，也就是说成本支出可以得到某个产品或者某项服务。费用则是为了做事，支出了，可能看不见成果。所以，如果直接削减费用就有可能出现费用下降的同时所做的事情也减少的情况。因此，我们对费用的控制方法要改变，要从削减（reduction）改变为管控（control）。削减是减少支出而非增加支出，管控是可能减少支出也可能增加支出。

企业运营的费用基本上是由销售、研发、管理和财务费用构成。每个领域费用管控的方法和管控点虽然不一样，但费用管控都在事前，也就是会进行费用预算。此外，还要做好管控的过程引导，设计节约奖励制度。

如何寻找成本中的浪费?

提问： 您常说，经营的目的是“开源”，管理的诉求是“节流”，管理会计要围绕“节流”开展工作。“节流”的第一步就是要找到成本中的浪费，我们应该如何做呢？

我在做 CFO（Chief Financial Officer，首席财务官）时，对各子公司的财务总监提出了一个最基本的要求——每年必须帮助企业找到一个节约途径，解决自己的工资，同时带领自己的团队帮助企业降低成本，解决财务人员的工资，向老板证明，财务人员是自己养活自己的。然后还要继续寻求“节流”空间，向老板证明财务人员是有突出贡献的，应该颁发奖金。如果财务总监不能做到这一点，说明他和他的团队都是“啃老族”。这里的“老”是指老板，一个靠“啃老”生存的部门或系统不会受到什么重视。

帮老板赚钱是管理会计的不二使命，也是财务管理的成效指标。怎么帮老板赚钱呢？管理会计从诞生那天起就指出解决方法——成本控制（cost control），通过寻找成本中的浪费控制。成本浪费在哪里呢？

假如一瓶矿泉水的成本是 1.30 元，其中有没有成本浪费呢？是不是只需要投入 1.00 元就可以生产出一瓶矿泉水，但成本中却多投入了 0.30 元呢？如果问财务会计，财务会计的答案是投入 1.30 元是可以的，也是有充分证据的，但有没有浪费 0.30 元的成本就不知道了。有没有出现设计环节的成本浪费？设计部门说没有，这是最佳设计。有没有出现采购环节的成本浪费？采购部门说没有，这是最佳采购价格。有没有出现生产环节的成本浪费？生产部门说没有，这是最佳工艺、最佳消耗。

管理会计只好用自己的方法来研究成本。首先根据习性对现有成本进行划分，把成本分解成变动成本和固定成本，结果发现一瓶矿泉水的固定成本是 0.50 元，变动成本是 0.80 元。那么，0.50 元的固定成本中有没有浪费，0.80 元的变动成本中有没有浪费？这就需要根据财务会计的账面信息把这两个成本都解构出来。0.80 元变动成本构成情况，如表 2-1 所示。

表 2-1　一瓶矿泉水的变动成本构成情况

变动成本构成	水	瓶体	瓶盖	标签	防伪	合计
成本	0.30 元	0.02 元	0.01 元	0.20 元	0.27 元	0.80 元
成本占比	37.50%	2.50%	1.25%	25.00%	33.75%	100.00%

请问一瓶矿泉水的变动成本中哪里有成本浪费？有人可能会说，标签和防伪有成本浪费，因为它们的占比太高。如果按比重评判，水的成本浪费可能性最大，因为比重最高，但一瓶矿泉水里面没有水或者水很少显然是不行的。所以，这种评价成本的方法会被质疑专业性。当某个会计说标签和防伪有成本浪费时，营销部门就会问可口可乐销售的是标签还是水？是标签重要还是水重要？会计无法回答。当然，这个会计也不服气："明明我觉得标签和防伪存在成本浪费，但是我怎么就说不过他们呢？"因为管理会计评价成本是否浪费靠的不是感觉，而是方法及量化分析。

如何发现设计成本中的浪费？

提问： 前文提到一瓶矿泉水的成本是 1.30 元，变动成本是 0.80 元，固定成本是 0.50 元。在 0.80 元的变动成本中，哪里存在成本浪费呢？

前文已经介绍过变动成本 0.80 元的构成：水 0.30 元，瓶体 0.02 元，瓶盖 0.01 元，标签 0.20 元，防伪 0.27 元。从感觉上来看，有人认为标签和防伪存在成本浪费，但管理会计不是靠感觉管理，感觉不是科学。更何况管理会计在管理自己并不熟悉的领域时，很容易掉进跨界陷阱，被专业人员笑称“外行”。那么，管理会计是不是干什么都要先变成“内行”才能工作呢？有很多领导这么认为，也有很多财务人员努力学习各个业务领域的知识，积极努力地把自己变成“内行”，结果只是懂点皮毛。财务人员要懂业务，几乎变成了财务人员的职业“魔咒”，似乎不懂业务的财务人员就不能管理。实际上，财务人员不懂业务的原因是专业分工不同。术业有专攻，分工协作，是现代社会的文明和进步的基础。财务人员可以不懂业务，但不可以不懂管理。回到一瓶矿泉水的成本管理问题，如果财务人员掌握了管理的方法，即使他 / 她不懂设计、没做过采购也没有生产经营的经验，照样可以发现其中的成本浪费。这个

管理的方法就是成本功能价值（Cost Function and Value，CFV）评价法。

管理会计认为，成本是实现一个产品或服务的特定功能而付出的代价。一般来说，功能越重要投入的成本越多，重要性越高成本越高，相反重要性越低成本则越低。如果我们定义一瓶矿泉水的完全功能是“10分”，按照功能的重要程度我们给各项成本打分，如表 2-2 所示。

表 2-2　一瓶矿泉水各项成本的功能得分情况

成本构成	水	瓶体	瓶盖	标签	防伪
功能分数	5 分	3 分	2 分	0 分	0 分
成本	0.30 元	0.02 元	0.01 元	0.20 元	0.27 元
成本占比	37.50%	2.50%	1.25%	25.00%	33.75%

从表 2-2 来看，一瓶矿泉水最重要的功能体现在“水”上，水具有关键功能，它投入的成本应该最多也确实最多，投入了 0.30 元。瓶体、瓶盖体现辅助功能，投入的成本应该比较少，实际一共也只投入了 0.03 元，相当少。标签和防伪一共投入了 0.47 元，比水的投入还高，功能分数却为 0。显然这瓶矿泉水的成本中有 0.47 元投入在“零功能”上，说明 0.47 元是无用成本。有人可能会说，无用但有价值。那么，我们现在做第二评价，即价值评价。价值评价要由喝水的人来做，也就是客户。客户在享受产品和服务的价值，如果这瓶矿泉水的完全价值是“10 分”，客户会如何分配呢？各项成本价值得分情况如表 2-3 所示。

表 2-3　一瓶矿泉水各项成本的价值得分情况

成本构成	水	瓶体	瓶盖	标签	防伪
价值分数	4 分	2 分	2 分	1 分	1 分
成本	0.30 元	0.02 元	0.01 元	0.20 元	0.27 元
成本占比	37.50%	2.50%	1.25%	25.00%	33.75%

从客户的价值体验上来看，客户最在乎的是水，实际上水投入的成本也最多。客户最不在乎的是标签和防伪，结果这两项的总投入却比水的投入还多。标签和防伪的投入客户基本没有体验感。

通过 CFV 评价法，我们发现标签和防伪的投入是高成本、零功能、低价值。这种投入在管理会计中叫“错位成本”（mismatch cost）。如果企业年产 5 000 万瓶矿泉水，就有 2 350 万元的成本属于错位成本。之前说标签和防伪存在成本浪费的人可能会说，分析后还是这个结论。没错，结论是一样的，但过程不一样。他 / 她的结论来自感觉，我们的结论来自理性思维，来自量化分析，而后者更具有说服力。

CFV 评价法其实可以应用得更广泛。除了在生产制造业应用之外，在服务业也照样可以应用。比如宾馆的布局和装修，如果我们秉承成本功能价值一致性，就会发现有很多布置是违背一致性的。有些酒店把大堂装修得富丽堂皇，房间的地毯、洗漱用品、床上用品的质量却不好。酒店的关键功能并不体现在大堂，客户体验的关键价值也不在大堂，为什么酒店在大堂的装修和布置上投入那么多成本，而对给酒店提供关键功能的房间的装修和布置投入得较少呢？有人说这样可以让客户的第一印象比较好，但客户真正的感觉在房间。有一些酒店意识到了这个问题，认识到主流客户非常关注房间的整洁、卫生和舒适，并不在乎大堂是否装修得富丽堂皇，于是诞生了一批没有大堂、没有健身房和游泳池也不参加星级评比的快捷酒店。这些酒店有一个共同的特点，就是把房间的整洁、卫生和床上用品的舒适放到第一位，这既降低了酒店的运营成本，也给客户传递了较高的价值。

CFV 评价法可以帮助很多领域的管理人员发现错位成本，是管理会计师削减成本时常用的工具。

谁来管变动成本浪费?

提问: 前文我们用 CFV 评价法发现一瓶矿泉水的成本中浪费了 0.47 元，在年产 5 000 万瓶矿泉水的情况下，企业要损失 2 350 万元。如果这个问题不能及时解决，意味着该企业在产量不变的情况下年年都要浪费这么多成本。怎么办？这些成本浪费应该由谁来管？

我们确认了一瓶矿泉水的成本中，标签和防伪的成本是“高成本、零功能、低价值”。那么，标签和防伪的成本浪费应该由谁来管呢？标签和防伪是产品设计部门设计的，是营销部门要求的。如果让他们降低标签和防伪的成本，他们的第一反应是“不可能”，理由是这样做会影响产品的品质，降低客户的体验，甚至有可能引起客户退货。这时，管理会计师要坚定自己的方向，肯定地回答，降低标签和防伪的成本不会影响产品的品质，因为它们在产品中是“零功能”，也不会降低客户的体验，因为客户关心的是水、瓶体和瓶盖。降低成本并不是不要标签和防伪。标签和防伪提供的是产品识别，客户只要能识别产品，并不在乎企业投入了多少成本让产品有辨识度。很少有人会依据可口可乐的标签和防伪投入了多少成本来决定是否购买可口可乐。

所以，管理会计师的自信来自管理工具的使用。但是，企业不可能每次都要求管理会计师发现成本浪费，然后报告老板，老板再要求相关人员降低成本。这显然偏离了财务管理的初衷。财务管理的根本是“制度管理”，企业要把 CFV 的工作制度化，要通过制度引导各责任中心自己主动积极地发现成本浪费。为此，我们需要做 4 件事。

第一件事，给目标。如果设计部门、生产部门和采购部门都有降成本的目标，就可以引导他们自己主动发现成本浪费。

第二件事，给方法。给方法就是给工具和路径，就是让各责任中心积极地学习和掌握降成本的科学方法。

第三件事，给评价。不停地评价各责任中心降成本的有效性和不足之处。

第四件事，给利益。只要给企业降低了成本，就果断地给予相应责任中心奖励。

只要把这 4 件事制度化，就会形成一个不断寻求降成本的机制，推动所有人往前走，不需要管理会计师盯着各责任中心发现成本浪费。

如何发现固定成本中的浪费?

提问: 我们知道成本可分为固定成本和变动成本，那么该如何界定固定成本，又该如何发现固定成本中的成本浪费呢?

我们还是以一瓶矿泉水的固定成本为例来回答这个问题。

一瓶矿泉水的固定成本是 0.5 元，这 0.5 元中有没有成本浪费呢?有，但是如何发现呢? 我们只有按照一定思路和方法才能找到路径。

固定成本即固定不变的成本。既然已经固定不变了怎么还会存在成本浪费呢? 我们需要对固定成本有正确的认知。**固定成本是相对变动成本而言的，就是不绝对随着产量或业务量的增加而增加的支出，也就是说固定成本中含有不可控成本(uncontrollable cost)和可控成本(controllable cost)两个部分。**

不可控成本属于刚性成本(rigid cost)，必须支出，比如折旧、摊销(amortization，是指除固定资产之外，其他可以长期使用的经营性资产按照其使用年限每年分摊购置的成本，与固定资产折旧类似)等。可控成本是柔性成本(flexible cost)，是指通过努力可以使其总额下降的成本，比如办公费、差旅费等。

我们如何发现不可控成本中的浪费呢？例如，矿泉水封装车间主任提出 0.5 元的固定成本中折旧分摊是不合理的，10 000 平方米的厂房中矿泉水包装线只占 2 000 平方米，但矿泉水承担了整个厂房的折旧，因此每瓶矿泉水多承担了 0.4 元的厂房折旧。但财务会计不认为这是错误，由于厂房整体投入使用，虽然有 8 000 平方米处于闲置状态，但不影响提取折旧，由于矿泉水包装线实际使用这个场所，暂时又没有其他产品使用，厂房折旧也就无法分给其他产品，只能由矿泉水承担全部厂房折旧。财务会计认为，虽然厂房折旧分摊给矿泉水，但只是一个被减掉的数，一个成本的计算过程，并没有说这是矿泉水的责任，所以没有多大关系。对于财务会计来说这是符合道理的，但是对于管理者来说，分清责任比计算结果更重要，能展示经济责任的成本计算中隐藏了很多非责任性的成本，使管理者失去成本评价和控制的可能。这种情况下，管理会计师必须用管理会计的思维和方法把隐藏的成本找出来。

财务会计计算成本的原则是“谁有能力谁养孩子”，谁使用厂房谁承担厂房折旧，这样做就会把不属于某产品的消耗算到该产品上，歪曲了产品成本的真实性和可靠性。管理会计是为计算经济责任而生的，它必须追求“谁家的孩子谁抱走”，这样 8 000 平方米的厂房折旧不可以由矿泉水承担。财务会计会问，10 000 平方米的厂房折旧照提，不由矿泉水承担，由谁承担呢？有人说算在管理费用中，这样算又把成本要素变成了费用要素，成本真实了，费用又被歪曲了，相当于按下葫芦浮起瓢，还是不对。管理会计师说，不能算在成本中，也不能算在管理费用中，可以算在“闲置成本”（idle cost）中。“闲置成本”不在财务会计的科目里，而是在管理会计师的内部管理报告里，这种做法叫作“作业成本核算”（Activity Based Costing，ABC）。

ABC 的成本计算坚持“谁家的孩子谁抱走”，所以会有一些“孩子”没人抱走，财务会计把没有抱走的“孩子”采用强行分摊的方式隐藏，ABC 让其现身。实际生活中我们发现，不仅有闲置的场所，还有闲置的设备、闲置的人工、闲置的物料等。这些都被算在“闲置成本”中，管理会计通过内部管理报告，让老板知道企业现在有多少资产处于无效状态。这对于老板来说，是一个非常重要的管理信息。

老板看到企业中有那么多的资产处于闲置状态，会着急，于是赶紧找闲置的原因。结果发现，有些是暂时闲置将来有用，有些是盲目采购导致的自然闲置，有些是产品转型、淘汰工艺导致的设备和材料永远闲置等。找到原因之后，大家就开始想办法管理这些闲置资产。闲置的能否马上转为增值的？不能增值的能不能降低其消耗？既不能增值也降不了消耗的能不能果断剔除？于是企业上下开展了处置“闲置成本”的行动。这场行动有专属名字，叫“ABM”（Activity Based Management，作业成本管理）。ABM 的亮点是有数据，可以量化，管理成效可以通过报表数据显现，非常实用。

为什么产品的自制成本比代工价格高？

提问： 企业的营销系统对制造系统非常不满：为什么同样的产品，自己生产要180 元的成本，委托别人加工只要 100 元的成本？销售自制品赔钱，销售代工品却赚钱。营销系统要销售代工品，企业却强行规定销售自制品。这个问题怎么解决呢？为什么产品的自制成本比代工价格高呢？

自制还是代工是管理会计面临的一个老话题。传统的解决办法是把自制成本按成本习性划分为变动成本和固定成本，如果变动成本高于代工价格就代工，如果变动成本低于代工价格，即使亏损也要自制。但是，企业在实际应用时发现并没有这么简单。

首先变动成本和固定成本的划分就不容易，如果划分错误，把固定成本归为变动成本，就可能会把赚钱的产品算成不赚钱。相反，则把不赚钱的产品算成赚钱。即使划分准确，也不能轻易用谁高谁低来决定是自制还是代工。因为这个决策是建立在没有任何管理基础之上的，管理会计的关键词是“管理”，而不是“会计”，会计的目的是管理。上述决策显然是会计决策而不是管理决策。那么，什么是管理决策呢？

即使变动成本高于代工价格，也不能因此决定选择代工。我们还要对成本动因做出分析：为什么变动成本会高于代工价格？谁造成的，在哪个环节出现的？为什么没有降低变动成本的可能？形成变动成本的环节基本上是设计环节、采购环节和制造环节。设计环节决定了用料标准、规格、工艺路线和设备，采购环节决定了材料的进价、成材率和质量，制造环节决定了成品率、合格率和料耗、能耗。我们需要弄清楚变动成本高是哪个环节造成的。我们通常盯着制造环节，其实设计环节和采购环节的固化变动成本占固化总成本的90%以上，可是很少有人对这两个环节进行成本控制。因为设计环节有技术壁垒，采购环节的外界干扰因素太多，所以这两个环节的成本控制难度都比较大。其实根本的原因是没有找到方法。控制设计环节的变动成本非常有效的方法是CFV评价法，控制采购环节的变动成本的方法是杠杆预算法。应用这些方法计算之后，我们如果发现设计环节和采购环节确实有削减成本的空间，就应该把代工价格作为目标成本，倒推挤压自制成本。成本可以挤压的空间超出想象。

即使变动成本低于代工价格，也不能轻易决定自制。有边际贡献也不是自制的依据，要考虑未来可能达到的销售体量和现有设备的先进程度，如果体量不够、设备老化，固定成本会越来越高，应该趁早选择代工。

集中采购是降成本的良策吗？

提问： 公司的采购成本一直比较高。为了降低采购成本，有人提出采取集中采购的方式，集中采购就能够降低采购成本吗？

设计环节和生产环节降成本属于内部降成本，采购环节略有不同。采购环节降成本属于外部降成本，涉及市场地位和供应商配合的问题，受到采购量、采购方式、供求关系等诸多因素的影响。成本不是我们想降就能降的。

从行政职责上来说，采购系统是保质保量地供应。从经济职责上来说，采购系统就是寻求采购成本最优，包括采购价格、运输成本、仓储成本等最优。谁应该负责采购的行政职责呢？有人说是采购部，但是事实上不一定。有不少企业选择“集中采购”或者叫“集团采购”，即很多物料并不是各子公司自行购买，而是集团公司集中采购。量采和团购有利于供应商组织生产进而降低生产成本，在质量和数量上都有保证，也有利于强化企业在采购市场的地位，不失为降低采购成本的好方法。但是，降成本可能会带来低效率。我们必须权衡降低采购成本对采购效率和物料品质的影响。若采取集中采购的方式，集中到什么程度才能在降低采购成本时不影响采购效率呢？这是很难把控的，也没有统一的标准。选择供应商通常遵循“二八法则”，即80%的物料是由20%的供应商提供的：80%的物料实行集中采购，20%的物料由各系统自行采购。这样的设计通常既有利于降低采购成本又不会影响采购效率。

选择集中采购还是零星采购，只是一个行政组织和分工的问题，没有解决降成本的经济职责问题。我曾经问过很多企业，物料采购集中到集团公司后，采购成本是否大幅度降低，得到的回答多是否定的。大部分企业的情况是集团公司收回采购权，不但采购的价格比原来高，采购效率还下降了。这样的集中采购显然没有意义，是形式主义。所以，集中采购显然不是降成本的良策，还要具体问题具体分析。

成本导向型采购方法下购买方可以选择向谁买、买多少、以什么价格买，也就是说购买方有降价的主导权。如何使用这个权力呢？可以采用杠杆控制法。

杠杆控制法来源于目标成本原理，使用该方法的前提是管理者基本上不可能弄清楚合理成本或合理的采购价格，只能采用强行递减定价方法。但管理者不知道定在什么价格才准确，只能制订强行递减价格区间，这个区间是由三级递进目标法来确定的。比如一支笔的采购价是10元，我们可以用杠杆控制法强行制定底线目标是9元、进取目标是8.5元、挑战目标是8元，并将其作为考核采购人员的目标价格。这个递减区间可能不准确，但这是合理的区间，可以起到有效引导的作用。在目标价格的引导下，采购人员会主动与供应商讨论降价的问题，不管采购人员与供应商之间有什么特殊关系，他/她必须先完成考核目标。

杠杆控制法的持续效应在于滚动杠杆控制，也就是杠杆价格会不停地递减挤压，最终会把采购价格降低到合理程度。根据实际工作经验，采用这种方法的最初效果明显，后来逐渐递减，一般滚动3~5次。不要指望采购价格不断地挤压，成本和费用都会探底，探底后继续挤压是会付出代价的。所以对采购价格的管控要适可而止，而且采购人员完成目标之后企业要进行奖励。

有一家企业一年的采购费用是 4 000 万元左右，大部分材料是进口的，有多大空间可以降成本不太清楚。财务总监跟采购总监说今年对采购降成本实行三级递进目标考核，采用杠杆控制法。怎么定目标呢？采购总监根据职业经验确定了降成本的三级递减目标，底线目标是 80 万元，进取目标是 100 万元，挑战目标是 200 万元。财务总监拿着这个方案跟老板谈了奖励政策，老板同意奖励 15%，采购总监就按照方案做事。年底采购系统实际降成本 800 万元，老板很高兴，当时就拿出 120 万元奖励给采购人员。采购人员很高兴，采购总监很高兴，老板也很高兴。财务总监没有拿到奖励，但他也很高兴。他说，虽然自己没有拿到奖励，但通过自己引导和推动让企业实现了成本削减，提高了利润，自己很有成就感。这就是财务人员的价值体现。

故意抬高成本再降成本怎么办?

提问: 在企业中，经常会出现这样的情况，采购人员故意抬高采购价格然后降低价格。对于这样的采购人员，企业还要奖励他们吗?

这个问题非常妙。按道理来说，采购人员降低了采购价格，履行了经济职责，企业就应该发奖金。但是采购人员故意抬高采购价格然后降低价格，是否还应该奖励呢?

意大利的经济学家维尔弗雷多·帕累托，提出了“帕累托改进”的思想，为我们提供了解决之道。他认为任何管理只有在不断改善中才能得到最佳效果，疾风暴雨式管理得到的效果往往最差。杠杆控制法就是建立在这个理论基础之上的。

“帕累托改进”的重要思想就是不要被管理者推到对立面，即使对方实施危害行为也应通过“赎买”或“置换”的方式让对方停止和消除危害。也就是说，即使采购人员抬高价格，如果他们后来降低了价格，企业就应该奖励。这种奖励实际上是让行为人停止危害。但在实务中如果发现虚抬价格的事情不但不能奖励还要进行惩罚。虽然在现实生活中这种做法被发现的概率非常低。管理会计师不是纪检监察，本身没有责任和能力发现欺诈舞弊的行为。追求过程改进是管理会计工作的根本。所以管理会计师的原则是一旦降低即行奖励。

前两天，有位朋友分享了他在企业使用杠杆控制法的体会。年初企业给采购部门确定了一百万元到两百万元的降成本目标，当时定得比较粗略，也没有一个一个物料、一个一个人地定，基本上是根据经验判断。采购系统在这个制度推动下积极降低采购成本，年底降成本目标超额四倍完成，企业给了他们丰厚的奖励。从这里可以看出，只要制度到位了，引导正确了，即使目标不精准、方法粗糙，正能量的东西也会被激发出来。

预算篇

怎么做好滚动预算？

提问： 公司出现只要指标完不成就提出调整预算的情况，导致考核流于形式，工作全乱套了。预算可以修改和调整会不会弱化年度预算的严肃性？预算调整了业绩考核怎么办？到底应该如何做好滚动预算呢？

预算的调整和修改被称为“滚动预测”（rolling forecast），也有人称其为“滚动预算”（rolling budgeting）。

为什么要有“滚动预算”？因为年度预算“不太靠谱”。世界上“不靠谱”的事情十之八九，所以人类想出一个办法让它们接近“靠谱”，就是应用“科学”。预算管理的出现就是为了让企业管理中的一些事情接近“靠谱”。虽然这个方法看起来不太靠谱，但没有这个方法，很多事情会变得很离谱。总之，预算管理是用“不太靠谱”的方法解决离谱的问题。

企业每天面临的是变化多端的市场、变化多端的客户、变化多端的竞争对手等，所以企业预算很难“靠谱”。市场变了，预算就要跟着变，而且要提前变，不能“受伤”了，才“买药治伤”。所以，企业必须做“滚动预算”，而且市场变化越大、越快，预算的修改频率越高、幅度越大。

调整预算的过程，我们通常称为“滚动预测”，其含义是事先预测未来经营期的市场变化和应对措施。市场变化的预测和应对措施由各业务单元提出，然后汇总到财务部，财务人员快速测算可能的财务结果，再上报给预算管理委员会，预算管理委员会召开专门的会议审议各业务单元的调整方案并最终批准。预算在批准之前是“滚动预测”，批准之后是“滚动预算”，企业在未来经营期必须执行批准的“滚动预算”方案。

在日常工作中，“滚动预测”和“滚动预算”经常混用，没有刻意区分。如同一个人有乳名和大名，长大了继续叫乳名有点不合适，但叫乳名也没有叫错。

编制“滚动预算”时，各业务单元会不会夸大市场情形，故意引导调整预算呢？有的会，尤其是在可能完不成目标的情况下，更有可能出现夸大市场变化影响程度的情况。这就要求预算管理委员会客观、谨慎地审批。

通常情况下，审批“滚动预算”时有4项原则。

一是不可以推翻原预算。

二是不突破总额区间调整的预算可以予以通过。

三是可做可不做的，选择不做。

四是可今年做也可明年做的，选择明年做。

预算调整以后怎么考核呢？年度预算，也就是调整之前的预算，是用来考核的，这是肯定的。有人说它已经不合理了还用来考核吗？没错，这就是预算的严肃性，一旦确定，无论对错，以结果论英雄。“滚动预算”是用来引导现实的。比如，原定5亿元的销售目标，由于市场比较好，业绩飞速增长，可以完成13亿元的销售，我们可以把“滚动预算”销售目标调整为13亿元，但不可以调整原来5亿元的考核目标。有人可能会说，如果这样，营销系统会得到很多奖金。他们应该得，首先是因为企业得到的更多，其次是他们付出了努力。

怎样让预算发挥管理功效？

提问： 公司预算指标是跟年终奖金挂钩的，在制订预算指标时，相互扯皮时间太长，预算的目的好像就成了年底算账，给大家分奖金。怎样把预算管理变成一个日常管理工具？怎样让预算发挥管理的功效而不是仅仅为了分奖金呢？

预算的最初功效在于“约束花钱的行为”，用“钱”引导“做事”，安排好事情的轻重缓急。但是实践中发现，用“钱”引导“做事”是理想主义，因为一件事情该做不该做、该花多少钱做，是很难判断的。如果用“钱”引导“做事”，不仅可能出现给多少钱办多少事的情况，也可能出现只要有钱，不该办的事或者不着急办的事也都办了的情况。于是预算管理部门天天思考怎样让预算编制得更准确，编制预算的业务部门也在天天思考如何在预算里“灌水”。为什么会这样？根本的原因是，把预算当成了计算过程而不是管理。

什么是管理？管理就是过程的改进，就是通过管理让原来糟糕的事情变好，让原来好的事情变得更好。比如，原本该花 10 万元办的事情却拿到了 30 万元的预算，结果 30 万元也花完了。这事不但没有改进，还变得更糟糕了，那么这种预算方式就没发挥管理的功效。管理是让业务部门即使拿到了 30 万元的预算也不会把 30 万元都花掉，而是积极地想办法如何用 10 万元把事情办好。这样预算就具备了管理功能，才能称得上“预算管理”。

过去我们依靠思想觉悟、道德品质，以为人员素质越高预算就越能得到改进，后来我们依靠上级领导，以为职位越高的人越能推动预算改进，其实这些都靠不住。预算改进的力量来自制度，而制度又跟人的需求直接关联，也就是说执行了制度就可以满足个体的需求，就会实现预算的“改进”。比如，实际需要 10 万元但预算给了 30 万元。如果没有改进的制度，大多数的执行者会把 30 万元全部花掉。但如果这笔钱是他自己的，他原本打算花 30 万元，后来发现只需要花 10 万元，他不会想尽办法把 30 万元全部花掉。

如何设计改进制度呢？我们可以采取“三级递进目标法”。比如，要办好这件事需要 10 万元还是 30 万元，事前谁也说不准，这时就要采取“三级递进目标法”：底线目标是 30 万元，进取目标是 20 万元，挑战目标是 15 万元，引导业务部门尽量改进行为，减少开支。同时还要有奖励制度，目标实现与否和个人利益关联。比如，花 30 万元没有奖金，花 20 万元可以获得 5 万元奖金，花 15 万元可以获得 8 万元奖金。如此，个人利益、制度和改进相关联，大部分人就会追求“改进”。预算管理的改进作用就是推着大部分人往前走，释放正能量。

预算会阻碍企业的发展吗？

提问： 企业发展很快，什么事都是老板亲力亲为，我建议老板做预算管理，他却说预算就是给企业“上锁链”，把企业束缚住，不利于企业的发展，灵活的战略、战术有利于企业的发展。预算真的会阻碍企业的发展吗？

大部分的企业老板擅长经营不擅长管理。擅长经营可以让企业快速成长，可以让企业挣 1 000 元，这是显性的；不擅长管理可能会让企业损失 800 元，这是隐性的。这样一来，企业实际只赚了 200 元。但老板只会看见赚了 1 000 元，很多老板的自豪感油然而生，产生“一览众山小”的感觉。如果告诉他原本可以赚 700 元，其实多损失了 500 元，他可能会激动地问“怎么赚”。管理会计这个时候就可以站出来告诉他，要做好预算管理。

预算管理并不是给企业“上锁链”，并不会束缚企业的发展，而是“打围栏”，保护企业在发展的过程中不摔下去，而且“滚动预算”对企业的发展会起到很强的助推作用。企业经营可以灵活，企业管理却必须讲究章法。我国很多企业的老板只懂经营不擅长管理，结果是眼看他起朱楼，眼看他宴宾客，眼看他楼塌了，成也萧何败也萧何。

没有战略和规划，预算怎么做？

提问：有好多人说制定企业战略和规划是预算管理的前提，没有战略和规划的企业，还能做预算管理吗？怎么做？

企业究竟应不应该有战略和规划？企业创办初期，基本上处于“叫花子打狗——边打边走”的状态，很少有老板是有了战略和规划再创办企业的，但我们不能说远期战略和规划没用。企业发展的远期战略和规划是十年磨一剑，我们最怕用了十年时间兢兢业业、勤勤恳恳地磨了一把“破剑”，这种错误不可逆转。造成这种错误的根本原因是企业经营者在做战略和规划时只管现在不管未来。

预算管理是战略和规划的落地工具，没有战略和规划，预算管理就没有了方向。那么，企业如果没有战略和规划，还能做预算管理吗？可以。企业即使没有大方向也有小目标，即使没有远期战略和规划也有近期的目标。把近期的目标变成行动也是预算管理。所以，没有战略和规划一般不影响全面预算管理的存在价值。

如何区分预算、计划和预测工作？

提问： 很多公司管理人员对“预算”“全面预算”“经营计划”“财务预测”等概念界定不清楚，给预算管理工作的组织和实施带来混乱。请问，如何界定和区分预算、计划和预测呢？

预算是从国外引入的，最初的含义是“约束开支”。比如在销售现场，销售方会先问买方的预算是多少，然后推荐商品；买方也许会说 “没有预算”，拒绝某个商品。将预算应用到企业中就是“花钱的打算”，即花多少钱办多少事。在企业中，通常还会在预算之前加上“财务”，意味着以财务部门为主导的预算。但“财务预算”在企业中运作有一个逻辑问题——花的钱从哪里来呢？不回答挣钱只回答花钱，钱就成了无源之水。为解决这个问题，企业预算从最初的“花钱的打算”演变成“挣钱的打算”。对于挣钱，财务部门就搞不定了，必须问挣钱的部门——业务部门。业务部门反问财务部门他们可以花多少钱，不知道可以花多少钱，业务部门就无法回答可以挣多少钱。于是企业进入了循环。怎么走出来呢？

业务部门先拿出做事的方案，这就是“经营计划”（business planning），然后提出“挣钱和花钱的打算”，即资源配置（resource allocation），也就是既要履行“行政职责”也要履行“经济职责”，同时回答如何挣钱和花钱。“全面预算”就是“经营计划+财务预算”，财务部门根据这些计划进行经营结果的试算，这就是“财务预测”（financial forecast）。完成上述流程，形成一整套方案，方案经董事会批准后，经营计划、支出计划、财务预测也就确定了，同时按季度或月度分解。上述方案在批准之前都是“预测”（forecast），一经批准，即为“预算”（budget），统称为“全面预算年度方案”（total budget solution）。

随着企业经营活动的推进，应对“全面预算年度方案”进行必要的调整和修改，形成“滚动预算”（rolling budgeting）；对滚动预算进行预警、分析、评价、考核和奖惩，即可称为“预算管理”（budgeting management）。

这就是预算管理的演变过程。

预算管理会影响企业运营效率吗？

提问： 有些人认为预算管理影响了企业运营效率。很多预算外的支出要经过层层审批，但由于部分企业有预算外审批责任考核，审批人在批准前比较慎重，用的时间比较长，有些事情就被耽误了。请问，是预算管理本身就会影响企业运营效率还是部分在实施中出现了问题？

预算管理可能会提高企业运营效率。

盖大楼前要画图纸，按图纸施工是否会影响盖大楼的效率？如果只是盖茅草房，按图纸施工估计会影响效率，但盖大楼之前画图纸，再按图纸施工会提高效率。预算管理就相当于画图纸的工作。如果只是经营一家小微企业，复杂的预算管理可能会影响企业运营效率，但如果是经营一家大中型企业，做好预算管理就非常有必要，而且会提高企业运营效率。

预算管理实际上是一种授权管理。没有预算，要么事事审批，要么随心所欲；有了预算，在预算范围之内，业务部门可以自主选择、自主决策，无须请示、汇报再层层审批，更有利于企业灵活地应对市场变化。

如果说预算管理影响企业运营效率，则该影响可能出现在预算编制和审批的环节。首先，以前企业不用做这些工作，现在需要做这些工作，运营效率会变低。其次，以前基本上是凭感觉做事，现在要考虑有没有预算。最后，以前没有预算也就没预算，基本上是跟老板打个招呼就能办事，现在要经过预算管理委员会审批。

这些都是对预算管理不适应造成的。一个一直用手抓饭吃的人，突然有一天要用筷子吃饭了，他的第一感觉就是用筷子吃饭很麻烦，不如用手抓方便、效率高。但是哪个代表文明，哪个代表进步？对同一件事情，每个人会由于感知不同而出现不同的态度，产生不同的文化。我一直认为，人类文明和进步的标志是工具的改善，企业的文明和进步当然也是这样，预算管理就是引导企业转变的工具之一。没有预算，企业虽然也能生存，但建立预算制度之后企业就不会想回到没有预算制度的从前了。

经营环境变化太大，还有做预算的必要吗？

提问： 公司预算编制的准确性很低，每年项目调整的幅度都很大。因为经营环境变化太大，基本上都要否定年初的预算并重新编制预算。请问，变化太大的经营环境是不是可以不做预算管理？

企业经营环境变化很大，预算的偏差比较大，引领意义不强。那么，变化的经营环境下是否还有做预算管理的必要呢？答案显然是“更有必要”。

企业为什么需要预算？就是为了对企业未来的经营活动进行把控，这是现代企业制度文明的一个重要表现形式。**经营环境越是多变企业越要加强把控，如同风越大我们越要按住帽子。**靠什么“按住帽子”？靠预算！如果企业对未来的把控不准，就如同不知道将会面临多大的风，这个时候对“按住帽子”的力度和灵敏度要求更高。也就是说，经营环境多变的情况下企业更要做好预算管理，而且要求更高的管理技能。

企业经营环境的变化太大，业务预算的准确度比较低，与业务预算密切关联的资源配置预算的可靠性也比较低，包括与业务发展相关的变动费用预算和事项性预算。这些预算可能随着业务的变化而增加或减少、取消。但是资源配置预算中的固定支出，并不会随着业务的变化而发生太大的变化，这部分能够进行可靠的预算引导。

对于投资人来说，投资人的追求是资本回报。资本最大的特点是不管业务环境发生什么变化，都会不遗余力地追求“剩余价值”，而且会撤回回报最低的投资。所以，如果企业的经营环境变化太大，建议用“权益增量法”做预算，从资本回报期望值反推业务预算和资源配置预算，不宜对业务计划的准确度要求太高；同时要提高“滚动预算”的滚动频率，建议进行月度滚动；还要按“三级递进目标法”保持整个预算方案的弹性，全面开展预算柔性管理。做好以上事项，保证企业适应企业外部的各种环境。

如何避免预算成为“杰克 · 韦尔奇死结”？

提问： 公司上下编制预算的热情都很高，而且有一种倾向，普遍把自己的目标定得很高，非常积极进取，也把花钱的预算定得比较高，但是年底业绩指标基本只能完成 60%，但花钱预算能完成 99%。监察审计部查出很多虚假支出。新来的董事长说预算成了公司腐败的前站。请问，这是“杰克 · 韦尔奇死结”吗？怎么避免这种情况呢？

我十分同意这位董事长的说法。我在很多场合都提到，预防腐败要从预算开始，希望监督部门能够介入预算监督。预算是水龙头，水流大小取决于水龙头，不可以一边打开水龙头流水，一边还大喊节约用水，这样不可能节约。

通用公司前总裁杰克 · 韦尔奇就痛斥“预算是美国公司的祸根”。提问中的公司的预算管理已经真实地祸害公司、祸害领导班子，他们已经深陷“杰克 · 韦尔奇死结”。

“年初抢指标，年末抢花钱”是“杰克 · 韦尔奇死结”的直接描述。“年初抢指标”就是编制预算的部门故意提高自己的做事目标，引导高配置资源，看起来很进取，实际上是争取更多预算的“鱼饵”。

有一家上市公司收购了一家企业，原来的领导班子不变，被收购的企业提出业绩倍增方案，业绩倍增，预算当然也倍增，结果倍增的预算花了，业绩却没有实现倍增，上市公司从此背着倍增的预算债务。问题就在于这家上市公司上下都不知道什么是正确的预算管理、什么是科学的预算编制方法。做预算时，我们倡导使用“市场增量法”和“客户增量法”，一个是从宏观角度把控业务规模，一个是从微观角度把控客户需求变化，如果都把控住了，就不会被别人画的“大饼”蒙蔽。显然该上市公司宏观和微观角度都没把控住就痛快地把钱给了。在资源配置预算中我们倡导使用作业预算编制（Activity-Based Budgeting，简称 ABB 法），显然该上市公司也没用该方法。

所以，预算不是祸根，不懂、不会、不用方法才是真正的祸根。

当然，预防腐败是系统工程，并不是说预算做好了就能杜绝腐败，但科学的预算管理至少可以压缩腐败的空间。

预算可以让战略落地吗?

提问：公司请咨询公司做了一个企业长远发展战略和规划，但好像做完就结束了，该战略和规划对企业的日常经营活动也没起指导作用，感觉无法落地。请问，企业发展战略跟预算管理有什么关系，怎样让战略落地呢？

企业运营如同运输，运输初期都是用“板儿车”，车能载多少，能跑多快，往哪里跑，都是拉车的“板儿爷”说了算。创业初期的企业就是凭感觉经营。

后来企业发展起来了，“板儿车”换成了“大卡车”，再用拉“板儿车”的方式拉“大卡车”显然不行。“拉板儿车”代表企业的能人治理模式，“开大卡车”代表企业的制度治理模式。方向控制、动力和制动系统都变了，如果“开大卡车”时不用这几个系统，而是继续让能人“拉大卡车”，不但阻碍企业发展还有可能导致企业倒闭。许多名噪一时的企业走向倒闭，基本上是“板儿爷拉大卡车”造成的。

所以，当企业的“板儿车”换成“大卡车”，首先要解决方向控制系统，解决之道就是做好企业发展的战略和规划。其次要解决动力系统，把战略和规划变成具体的行动，这个转换器就是“全面预算管理”。为什么有些企业制定的战略和规划变成了“空话”呢？首先是因为企业自己都不相信企业发展的战略和规划能够落地，其次是因为企业发展战略和规划中没有财务战略规划——未来十年的钱从哪里来？花到哪里去？什么钱要花，什么钱永远不花？这些都不清楚，这样的战略和规划就无法落地和经受检验。

企业“开大卡车”要采取制度治理模式。要做制度治理就需要做4件事。

一是做好企业发展的战略和规划。

二是做好全面预算管理。

三是做好内部控制。

四是做好企业文化建设和落地。

如果没做这4件事，企业就谈不上是制度治理，也就很难实现有效运营。

预算管理是内部控制的一种方式吗？

提问：您在企业制度治理中，把战略规划比喻成“方向盘”，把预算管理比喻成“油门”，把内部控制比喻成“刹车”，很形象。但我认为预算管理和内部控制并不像“油门”和“刹车”那样对立，预算管理也是内部控制的一种方式。您怎么看预算管理和内部控制之间的关系呢？

企业进入规模化运营，必须做4件事，涉及战略规划、预算管理、内部控制和企业文化。战略规划是“方向控制系统”，预算管理是“动力系统”，内部控制是“制动系统”，企业文化是“润滑系统”。

有人认为，把预算管理和内部控制这样定位不够准确，因为预算管理和内部控制之间的关系是“你中有我，我中有你”。是不是这样呢？

内部控制和预算管理都有推动和制动的作用。内部控制有目标控制、过程控制和结果控制三个阶段，预算管理就是目标控制的实现方式之一，所以内部控制中有预算管理。预算管理对企业运营进行事先设定和引领，也具有风险控制的作用，所以预算管理中也有内部控制。

但是，我们不能因为“你中有我，我中有你”就不分你我，这是不对的。你还是你，我还是我，还是要归类。那么，怎么分呢？哲学中有一个归类的方法，就是看矛盾的主要方面，也就是看产品的主要功能。

预算管理的主要功能是“领跑”，领跑中发现有人跑偏，要纠正，但主要功能还是“跑”，次要功能是纠正“跑偏的人”，纠正“跑偏的人”的目的还是让他们正确地继续跑。也就是说预算管理是引导企业实现经营目标。

内部控制的主要功能是纠正“跑偏的人”，跑偏了就要减速、踩刹车，减速和踩刹车是为了让车能跑得更好。油门是动力，让车往前跑，但油门也可以控制速度，也可以让车停下来，我们不能因此说油门就是刹车。

所以，预算管理是“动力系统”，是“油门”，作用是推动企业发展。内部控制是“制动系统”，是“刹车”，作用是控制企业风险。两者的功能不一样，但出发点是一样的，都是为了企业高速、安全、正确地发展。

“标杆分析法”能替代全面预算管理吗?

提问： 有一家上市公司的老板说，预算所制定的目标基本上是对未来的想象，不如把比自己做得好的竞争对手作为企业发展的目标，因为现实存在，不用想象。这种说法和麦肯锡公司推崇的“标杆分析法”是一致的。请问，“标杆分析法”可以替代全面预算管理吗？

“标杆分析法”是基于对预算管理的否定产生的。该理论认为，预算是想象未来，而未来是不可预知的，与其想象未来，不如看看现实的标杆。把比自己做得好的竞争对手作为下一年的目标，就叫“标杆分析法”。“标杆分析法”听起来非常有道理，其实做起来很难。

首先，你追赶“标杆”时，“标杆”也在奔跑，你可能永远追不上“标杆”，也可能在追的过程中和“标杆”的差距变得更大。实际上你比以前的自己进步了很多，但“标杆分析法”不看进步只看差距。

其次，即使你没有奔跑也有可能追上“标杆”。比如“标杆”自己摔倒了。这应该归“功”于“标杆”，实际上却把功劳给了没有奔跑的你，因为你终究追上了甚至超过了“标杆”。如果目标管理没有引导奔跑而是寄托于“标杆”摔倒，那么就不是正向引导，也失去了目标管理的意义。

不同的企业有不同的起点和境遇，也有不同的资源支持，成功不可以复制。所以，即使树立了“标杆”，也可能追不上“标杆”，更无法复制“标杆”。全面预算管理引导企业在欣赏别人之前先欣赏自己，每年给自己定一个新目标，每年看到自己的进步。所以，“标杆分析法”不能替代全面预算管理。

老板随意突破预算怎么办？

提问： 年初，各业务部门提出了自己的业务目标，财务部门汇总之后做出了预算——销售收入 1 200 万元，成本 600 万元，费用 150 万元，利润 450 万元。到年底时，销售收入达到 1 500 万元，成本为 700 万元，但利润只有 200 万元。老板非常生气，投资人也非常不满。经过分析发现是费用开支太大造成的，但是 90% 的超支都是老板批的，老板却责怪财务部门预算做得不好。请问，这是财务部门的过错吗？

前面说过，最初的预算是指花钱的打算，目的是约束花钱的行为。提问中描述的预算连“花钱的打算”都算不上，更像数学计算，因为没有人按照预算约束行为。老板和投资人因为没有达到年初计算的财务结果感到不满，说明他们希望得到这样一个财务结果，但老板在过程中没有约束自己的行为。老板责怪财务部门也不是没有道理，因为该公司的财务人员把预算当成了“计算”，而老板要的是“预算”。计算没有约束力，但预算有约束力。显然老板比财务人员对预算的认知更到位。但是，谁来约束呢？老板希望财务人员进行约束，比如没有预算的支出一律停止付款。财务人员要想通过预算约束老板的超支行为其实很难，但可以约束除老板之外的人，这就需要财务人员有斗牛士的精神。一旦财务人员发挥了斗牛士的精神，冲在最前面，预算的前面就加了两个字——财务，于是“预算”变成了“财务预算”（financial budget）。如此，预算就是财务部门的事了，只要业务部门一做预算就说是替财务部门工作，业绩好了跟财务部门没有任何关系，业绩不好就让财务部门“背锅”。财务部门成了业绩不好、预算不准的“罪魁祸首”。

如果把“预算”简单地理解为“花钱的打算”，或者理解为“财务预算”，在事业单位和非营利机构也未必错误，但在必须盈利的企业就有问题。企业的投资人绝不允许企业把他们的钱花完了却不再挣回来，他们希望企业花 100 元可以挣 200 元甚至更多。所以，企业的预算必须先回答如何挣钱再回答如何花钱。谁来回答如何挣钱呢？当然是业务部门，比如销售部门、生产部门、采购部门。当业务部门提出挣钱和花钱的打算时，预算就不再是财务工具，而是业务的推动工具。整个预算方案就由“业务预算”（business budget）和“财务预算”（financial budget）共同构成，于是“预算”前面的两个字就改成了“全面”，预算也由财务行为变成全公司行为，全面预算（total budget）的概念就产生了。

要想全面预算发挥作用，不但要定目标，还要做好过程跟踪、结果评价、利益触动。如果后面三件事情没做到位，预算做得再到位，也无法发挥作用。

回到前面提到的问题，老板随意突破预算的根本原因就是财务人员没有做好全面预算管理，只定了目标，却没有做好过程跟踪、结果评价、利益触动这三件事。

老板为什么不关心利润预算？

提问： 公司一直在推行预算管理，但财务人员预算管理的焦点好像跟老板的不一样。财务人员重视利润预算但老板一直关心资金预算，要求财务人员加强资金安排和管控，建立资金效率的考核指标。请问，预算管理应该关注什么才能与老板的思路合拍呢？

预算管理中老板聚焦资金预算而财务人员聚焦利润预算，怎么办？

利润（profit）和亏损（loss）的概念是会计的专业概念，并不是日常用语。不懂会计专业知识的人其实很难理解它们的计算过程。人们的日常用语是“赚钱”或“赔钱”。比如，投资 100 元挣了 180 元，赚了 80 元；如果挣了 60 元，就赔了 40 元。这很容易理解。我们回到提问中，老板关心的资金预算是指公司有没有 100 元，该不该花 100 元；而财务人员关心的利润预算则是原本挣的 180 元是否可以变成 190 元或者更多。老板关心的是花钱，财务人员关心的是赚钱。两者的关注点不一样。那么，究竟哪个是对的呢？

企业是为了赚钱而存在的，这个命题永远正确，但并不是每时每刻都正确，企业有时候也允许不赚钱或者暂时赔钱，但不允许没钱。老板关心的就是“不允许没钱”。财务人员关心的是“胜败”，老板关心的是“弹药”。没有弹药，仗不打就已经输了。所以，老板以资金预算为焦点是正确的，这是明智之举。他悟出了经营的一个核心：企业可以亏损但不可以没钱。

尤其是中小企业，首先要面对的不是利润而是资金，利润是花完钱有没有回报的问题，资金是有没有钱花的问题，所以资金预算在中小企业是第一预算，利润预算是其次。当然也有一些大型企业不愁没有资金，所以不关心资金预算，只关心利润预算。无论如何，老板关心的一定是企业当下面临的最重要的问题。

预算指标与 KPI 是一回事吗?

提问： 老板每年都不提 KPI，而是由下往上报预算指标，财务部门平衡预算指标，然后老板批准就可以了。预算指标与 KPI 是一回事吗？指标是董事会确定然后向下分解，还是由下往上报后审核批复？

预算指标与 KPI 不是一回事。

第一，两者的制订者不一样。预算指标由预算管理委员会制订，KPI 由管理委员会制订。

第二，两者的日常监控不一样。预算指标由财务部或公司指定的部门监控，KPI 由人力资源部监控。

第三，两者的内容不一样。预算指标是经济职责指标，用于数据考核，是定量的；KPI 有定量的也有定性的，可能包括文化的、环境的、安全的、质量的、社会的指标。

第四，预算指标解决奖金来源问题，KPI 解决奖金去向问题。

第五，预算指标是"加法"，KPI 是"减法"。

第六，KPI 通常是根据公司发展的战略和规划制订的，预算指标是 KPI 的量化和落地。也就是说，KPI 与预算指标之间的关系是"父

子关系”。

第七，KPI 通常是采取 TD（Top Down）的方式制订，即自上而下，预算指标通常是采取 BU（Bottom Up）的方式制订，即自下而上。

KPI 通常由董事会提出，然后自上而下分解。但有些企业处于培育或成长阶段，董事会也搞不清楚 KPI 的理想值定多少合适，所以采取自下而上的方式，然后评估是否合理。这种做法也未尝不可，只是耗费的时间会比较长，很容易进入“杰克·韦尔奇死结”。理想的工作顺序是，制订 KPI—制订行动方案—制订预算指标—考核—奖惩。

有必要成立预算管理委员会吗？

提问： 预算管理委员会由企业的高层管理人员组成。这些人本来就是企业的行政领导人员，有必要再成立预算管理委员会吗？价值在哪里？

企业有两个使命，一个是履行行政职责，另一个是履行经济职责。履行行政职责是做事，履行经济职责是赚钱。比如，采购员的行政职责是采购物品，经济职责是实现低成本采购。

企业从成立那天起履行经济职责就是第一位的，但员工到企业后首先承担的往往是做事的行政职责，而不是赚钱的经济职责。预算管理的目的是让员工把赚钱的经济职责放在第一位，做事的目的是赚钱。

企业的行政领导班子是做事的班子，承担的是行政职责，成立预算管理委员会则是强化领导班子的经济职责，不仅做事还关注赚钱。如同一个男人，“丈夫”是强调他对妻子的责任，“爸爸”是强调他对孩子的责任，虽然是同一个人，但称谓不同，责任就不同。所以，企业成立预算管理委员会非常有必要。

○ 预算管理委员会应该隶属谁?

提问： 公司非常重视全面预算管理，在董事会里成立了预算管理委员会，财务部负责具体的推进工作。但财务部感觉很吃力，各业务部门和下级公司报来的预算，老板都要求财务部先审核，而财务部对各业务也不了解，也没有能力对业务预算的合理性进行评价。老板有时认为财务部审核太严格，业务部门没法工作；老板有时又认为财务部审核不严。请问，在全面预算管理中财务部门究竟应该扮演什么角色？怎么做才是恰当的？

提问中的公司的预算管理委员会设在董事会下面，从法人治理结构上来讲，是不恰当的。董事会是决策机构，预算管理委员会是执行机构。一个是方向控制系统，一个是动力系统，不能混为一谈。

预算管理不是一个决策工具，而是一个运营推进工具，是一种执行方式，所以预算管理委员会是一个具体执行机构，和董事会不在一个层面。理想的模式是预算管理委员会直接隶属于总经理，财务总监是执行者，具体工作分配给哪个部门根据企业的具体情况确定。

那么，财务部门在预算管理中扮演什么角色？是裁判、教练、运动员还是俱乐部主任？我认为是“教练”。预算管理毕竟是一项技术性工作，不是什么人都能胜任的，外行人可能会犯常识性错误。比如，提问中的老板就犯了一个错误——让“教练”当“裁判”。“教练”可以当“裁判”，但不如“裁判”专业。

财务部门如何当好“教练”？首先是变成“内行”。**“内行”并不是要求财务部门懂销售、采购、生产等业务，而是让其懂预算管理的理念、方法，用自己的知识和技能引导整个公司的预算管理体系的搭建和方法的应用。**

业务预算究竟是否合理，先要看业务预算的编制理念和方法是否合理。如果预算一开始就违背了预算管理的基本原理，后面的修改调整、监控、评价和考核就毫无意义。

财务部门的任务就是教会业务部门科学、合理地编制预算。至于预算指标是否合理，应该由预算管理委员会来评价。财务总监是预算管理委员会的重要成员，当然可以发表评价意见，但对销售、采购、生产、设计和人力资源的业务评价不如专门从事这项工作的人。比如，从职权和专业技能上来看，采购总监是评价采购预算的最佳人选。如果让财务总监评价采购预算，一是外行评价内行，隔靴搔痒，二是淡化了采购总监的预算管理职责。

但是，如果只让采购总监一个人评价采购预算，靠谱吗？可能不靠谱，因为他既是裁判又是运动员。所以，应该让预算管理委员会和采购总监共同评价。同时，还要把预算评价的责任与预算管理委员会成员的利益进行关联，用预算准确率考核预算管理委员会成员，而不是考核预算编制单位。如此，可能会出现这样一个结果——公司的其他部门都完成了业绩指标，拿到了全额年终奖金，但是预算管理委员会成员没有拿到奖金，因为预算编制不准确，审核不到位，预算外的审批太多。所以，实施预算管理需要董事会、财务部门和人力资源部门通力合作，否则难度比较大。

董事会在预算管理中扮演什么角色?

提问: 公司的预算审查和批准不是由预算管理委员会做而是由董事会做。请问,公司预算的审查工作应该怎么做? 董事会在预算管理中扮演什么角色?

全面预算管理的目的是全面强化企业的经济职责。投资人最关心企业的经济职责,而董事会是投资人的利益代表者,所以董事会也应该用全面预算管理的方式推动企业落实经济职责。但全面预算管理不是让董事会全面接管企业管理层,董事会的介入是有限制的。董事会通常负责企业远期规划和战略的调整。这个调整方案通常兼顾投资人和管理层两方面的意见,但主导修订工作的是董事会。

在修订工作完成后,董事会依据规划提出下一年度的 KPI 期望值,各责任中心开始制订经营计划和预算方案。制订经营计划是为了做事,制订预算方案是为了赚钱。通常情况下,董事会的 KPI 期望值和各责任中心预算方案中的值差距较大。所以年度预算会议(annual budget meeting)是企业非常重要的沟通会议,通常在每年 12 月底举行。这个会议也是董事会对企业高层管理人员进行年度面试的会议,企业能不能继续交给他们管,董事会要开“闭门会议”讨论。

预算方案一旦审议结束，新一轮的高管任免决定就会下达。董事会就下一年度预算方案进行决议，同时与企业总经理签订经济职责承诺书。企业预算管理委员会将业绩指标分解，与各责任中心负责人签订预算承诺书。各责任中心负责人与所负责领域的部门经理与业务主管、员工签订预算承诺书。所以，预算管理委员会不是预算方案的批准机构，而是预算方案的执行机构。

可能有一些企业的董事会没有能力对具体方案提出要求，实际操作中是预算管理委员会提出 KPI 期望值和预算方案建议，董事会评价并审批。这也是一些企业预算管理绩效改善力不强的重要原因——预算方案基本上是自己制订、自己执行。

为未来算账，谁算得更靠谱?

提问: 有人说，财务会计只算现实的账，不算可能的账，只算过去的账，不算未来的账。还有人说，这样描述不够准确，财务会计也算可能的账，也算未来的账，就是因为这样算账才有“利润”，才遵循权责发生制。财务会计中计提的坏账准备、减值准备以及各种预提，都是考虑未来和可能发生的事情而做的会计动作。哪种说法是对的呢？管理会计为未来和可能算账与财务会计的考虑是一样的吗？

管理会计和财务会计所计算的“未来”和“可能”不是一回事。

财务会计计提坏账准备、减值准备和各种预提，是基于对未来和可能的考虑，但这种考虑与管理会计不是一个境界。财务会计为什么要计提和预提呢？是为了改善企业未来的经营，或者是为了推动企业的改变吗？不是，财务会计的计提和预提是为了遵循谨慎性原则。

例如，甲公司欠乙公司的工程款，会不会产生坏账？会计谨慎性原则告诉财务会计，只要逾期未付，就有可能产生坏账，就要计提坏账准备。如果最后没有坏账，就反冲坏账准备，只是让利润滞后反映。如果不计提坏账准备，万一出现坏账，前期利润就是虚报的。财务会计认为，宁可滞后反映也不可虚报。这样做虽然有可能把当期的利润滞后到以后各期，获得利润只是早晚的事。但管理会计认为这是一个很大的问题，因为管理会计要计算经济职责，当期利润是一个重要的经济指标，利润滞后可能会造成张三任期的业绩转到李四任期，张三的奖金发到李四的手中，那经济职责就算不清了。

显然，财务会计计算“未来”和“可能”，不是为了算清经济职责，而是让自己计算的利润更靠谱，不是为了防止出现坏账和资产减值，而是抱着“万一产生坏账，我可以承受”的心理。而管理会计计算“未来”和“可能”是为了计算经济职责。管理会计算经济职责不仅仅是为了考核，更重要的是告诉责任中心哪些地方存在不足，采取什么措施可以改进，改进的空间有多大等，是一个推动企业积极改善的过程。

可不可以用打酱油的预算买醋?

提问: 预算项目中是否应该专款专用，可不可以用打酱油的预算买醋？如果不行，明明醋没有了，有钱也不让买，好像不合情理，但如果把打酱油的钱拿去买醋，预算怎么管控、考核呢？

回答这个问题要从预算管理的初衷说起。

我一直强调预算管理是公司战略与规划的落地，是履行经济职责的一个过程引导方式。预算管理通过明确责任中心的目标，引导责任中心合理地使用公司资源完成目标。也就是说，预算管理是授权管理，不是收权捆绑。没有预算管理，则可能会出现早请示晚汇报的情况，不但效率低，而且目标主体和执行主体分离，干好了是领导的功劳，干不好是执行人的责任。

预算管理则是引导自我管理。预算的目标和资源配置合理后，责任中心在这个框架下可以自主决定花什么钱、什么时候花、哪些地方该花、哪些地方少花，只要目标实现、资源总消耗在限额内，责任中心就有自由裁量的权限。不能有了预算管理，行政管理就没有权利，即使行政管理有缺陷，预算管理也不应该越俎代庖。

比如公司给销售人员配置了合理的差旅费预算，后来发现有些销售人员不是拜访客户而是借故游山玩水，所有开支都由公司报销。预算管控部门管不管这种行为呢？不管，理由如下。

第一，预算管控部门被公司赋予预算管理的权利，但没有被授权管理销售人员的行为。销售人员的行为不当属于行政领导管理的范围，预算管控部门不能越俎代庖。

第二，预算支出中行为不当或违纪违法问题应该由纪检监察系统监控。除非纪检监察系统明确要求调整预算指标以纠正不当的行为，否则预算管控部门就无权干涉。

第三，如果预算不当引发员工出现贪腐或浪费行为，预算管控部门可以调整预算，但不负责制止贪腐。

当然预算管控部门有责任建立良好的考核系统，积极引导员工少花钱、多办事。也就是说，员工有任何不良行为，预算管理都只从制度层面引导改进，不管理具体行为。

预算管控中需要明确几个界限，比如费用预算中有几类费用是不能“互串”的，一是工资性费用和非工资性费用，二是事项性费用和非事项性费用。除了这几项费用预算之外，其他费用预算基本可以自由调整，如减少会议费预算增加电话费预算，减少招待费预算增加差旅费预算等。当然也要考虑纪检监察系统重点监控的支出项目，也许在一些企业这些项目是专款专用。

总之，预算是明确经济职责下的授权管理，不是捆绑，更不是越俎代庖。

业务部门认为做预算是财务部门的工作，怎么办？

提问： 每年要求业务部门编制预算时，业务部门总说自己的事情很多，编制预算是财务部门的事，为什么让业务部门做。请问，这种情况怎么应对呢？

针对业务部门不愿意编制预算这件事，我们可以从以下三个方面分析。

第一，业务部门是业务专家，不是预算专家，不擅长编制预算，不擅长就会导致他们对做这项工作产生畏难情绪，进而想要推卸责任。

第二，预算管理与业务部门没有利益关系，无利不起早，业务部门不愿意做也情有可原。

第三，即使业务部门编制了预算，也有可能出现领导说变就变的情况，这就会让业务部门感觉自己辛苦编制的预算没有价值，所以他们编制预算的积极性不高。

解决之道：**一是培训，二是考核，三是奖励。**这三项措施主要针对业务部门的领导。只要将预算管理委员会成员的个人利益与预算关联，业务部门的领导不懂预算管理也会主动学，不会编制预算也会认真做。

预算管理怎么让财务部门背了“黑锅”？

提问： 在讨论预算的时候，只要说哪个预算太高，业务部门就说这事要做、要花钱，否则就会影响做事的质量和效率；只要说这事没做好，业务部门就说预算不够。预算成了“背锅”的，锅里被煮的就是财务部门。财务部门推动预算管理，为什么结果“煮”的是自己呢？

财务部门推动预算管理，结果很有可能变成“猪八戒照镜子——里外不是人”。干好了都是业务部门的功劳，干不好都是财务部门的过错。怎么办呢？

预算管理是一项理性管理，是排斥非理性的。理性的依据是数据化，这也是财务管理区别于其他管理的重要标志。

数据化就是拿数据说话。编制预算的人要有方法、有依据，审核预算的人也要有理有据。“理”就是科学方法。如果财务部门在审批预算时没有方法，而是凭感觉认为哪个预算高了就削减哪个预算，会导致将不该削减的削减，而该削减的没削减的情况。

那么，财务部门应该用什么方法推动预算管理，才能做到有理有据呢？

将费用预算分成两种类型，一是运行性费用（operation expense）预算，二是事项性费用（project expense）预算。

运行性费用是指相对固定的费用事项，不管做不做事，不管有无收入，这些费用都必须支出。运行性费用如一个家庭的油、盐、酱、醋等日常开支。运行性费用的预算基本上没有太大的下降空间。如果硬要压缩，日子就没法过了，所以这些开支最好别动。

事项性费用是针对具体事件的费用，没有持续性，去年没有今年可能有。事项性费用如一个家庭的婚、丧等非日常的支出。我们针对某项具体事件编制预算时要注意两点，一是评估该事件是否有价值，是否必须做，二是用 ABB 法进行具体项目预算。事项性费用预算实行专款专用，事件发生就用这笔预算，事件取消预算也随之取消。

在编制事项性费用预算时，办事部门可能会有虚报的倾向，但预算管控部门也没有评价经验，如果随意削减，很容易让事件无法实施。业务部门会把责任推给财务部门，有时候也不是诿过，而是他们确实无法做事。所以，采用“ABB 法”编制好事项性费用预算后，应让办事部门主动节俭，可以用“三级递进目标法”让办事部门确定价格，并将节约部分与他们的业绩关联。事情办好了，钱少花了，他们就可以获得奖励。

预算是怎样引导采购人员降价的？

提问： 公司有些采购人员明知道供应商的价格有下降空间，但还向领导说供应商不赚钱，替供应商说话。老师，如何制订采购价格预算以达到降成本的目的呢？如何对采购价格进行过程监控呢？如何对采购人员进行绩效评价和奖励呢？

采购系统的预算管理有三个关键点：一是采购价格，二是采购期，三是付款期。采购期和付款期基本可以界定。企业可以根据生产需求和市场行情确定合理的采购期和付款期，可通过两个周期的速度调整来确定资金压力和承受能力。所以，确定采购预算最关键的点是确定采购价格预算。

如何确定下一年各种物料的采购价格是合理的呢？我们要根据市场地位将企业需要采购的物料分为两类，一是供应导向型（supplier oriented）物料，二是成本导向型（cost oriented）物料。

供应导向型是指供应商处于强势地位，采购方没有议价可能。不过，企业通常会“击鼓传花”，把采购价格的压力通过销售价格传导给下游的客户。这种情况下，供销价格及时联动非常重要，企业可在编制预算时建立供销价格弹性系数，这样系统会直接调整销售价格。

如果企业没有价格传导能力，只能内部消化，编制采购预算时应考虑消化的渠道和方式。这样就只能在成本导向型物料的采购上想办法。成本导向型是采购方占主导地位，采购的选择有很多，企业可以向供应商施加价格压力。所以，成本导向型情况下，企业可以采取“杠杆预算法”编制采购预算，也就是强行制订采购价格，然后向供应商施加压力。考虑到主观定价的盲目性，建议同时使用“三级递进目标法”，即确定底线、进取和挑战目标，以其为标准来考核采购价格。为了鼓励采购人员降价的持续性，建议以季度为频率进行滚动预算监控，对于采购人员的业绩可以采用季度及年终考核的方式推进，奖金兑现也可按季度和年度进行。如果我们不及时、准确、有效地肯定采购人员的价值创造，就很容易把采购人员推向供应商。供应商给采购人员发“奖金”时，企业的采购价格、物料品质、付款期将处于被动状态。所以，引导采购人员降价和及时兑现奖金非常重要。

财务部门做总成本预算可不可以？

提问：老板要求编制预算时先下达技改、大修、生产费用、零购等项目的总成本指标，各单位在制订的总成本（本单位）指标下编制项目预算。那么，这个总成本指标怎么下达呢？

年度预算编制工作启动时，应该由公司董事会制订 KPI 的期望值，然后各预算单元根据相关的期望值，提出经营计划以及预算方案。

董事会制订 KPI 的期望值的依据通常是企业发展战略和规划以及行业当年发展预测，常用的方法是“市场增量法”和“权益增量法”。也有一些企业没有战略和规划，老板只是凭多年从业经验判断下一年的市场行情，凭多年的管理经验来推动预算编制。提问中的老板就属于这种类型，没有依据，没有思路，没有方法，也没有时间，因此把制订 KPI 的责任直接推给财务部门，要求财务部门确定企业的总成本，即使用“权益增量法”制订 KPI，只是不是从利润入手而是从成本入手。估计该企业是成本导向型经营模式，认为只要控制了成本，获得收入和利润就不是问题。这样的企业如何制订总成本预算呢？

我们要把总成本分为工资性费用（payroll）和非工资性费用

(non payroll)。**工资性费用是刚性费用。非工资性费用又分为运行性(opex)费用和事项性(proex)费用。运行性费用实际上就是人头费(overhead),是指预算单元的日常运行支出,如房租、办公、水电、通信等费用。事项性费用是指有专门作业的开支,如技改项目、大修项目等,这些费用实行专款专用原则。**企业可以根据利润值推算企业可以承受的总成本,按照以往年度的结构比,将总成本分解为工资性费用和非工资性费用。

工资性费用预算由人力资源部门和用人单位编制。非工资性费用预算则由财务部门和预算单元编制。财务部门根据以往经验按比例分解编制运行性费用预算和事项性费用预算,各预算单元根据事项性费用预算编制年度作业计划和预算方案。这是一种下达任务式的预算,先给预算后办事,通常我们并不鼓励这样做,因为这种做法会导致预算单元“看钱下单”——钱多了,不该做的也做;钱少了,该做的不做。这就无法达到预算引领的目的。所以自上而下编制预算的方式一般只用于测定期望值,企业资源配置还是应该坚持“做事第一,花钱第二”的原则,该做的事要做,该花的钱也要花,而体现这一原则的重要策略就是“ABB法”。编制事项性费用预算就应该秉承“ABB法”,而且要坚持专款专用的原则。

财务预算滞后是否会减弱预算的引领作用？

提问： 公司的下一年度预算编制工作通常在当年的十月开始。首先是启动业务预算，但财务预算编制工作尤其是资金预算必须在业务预算确定之后才能开始。所以下一年预算的财务结果只能在预算年度的一月确定，但企业那时已经进入预算年度的实际运营，就出现企业运营已经进入预算年度而预算编制工作还没结束的情况，也就是说在预算年度的某些月份，至少前一两个月没有预算引导，出现了“预算空窗期”。请问如何解决“预算空窗期”的问题？财务预算滞后是否会减弱预算的引领作用？

企业通常在国庆节假期结束后开始下一年的预算编制工作，一般步骤如下。

第一步，预算管理委员会或董事会对企业发展战略和远期规划进行修改。

第二步，分析下一年的市场行情。

第三步，提出下一年经营活动的KPI期望值。

第四步，启动业务预算，业务系统提出经营计划和资源配置预算。

第五步，财务系统汇总业务预算并测算财务结果，预算管理委员会

审议预算及结果。财务结果的审议工作通常在十一月和十二月进行，主要审议各预算单元的经营计划和资源配置预算。财务测算的结果只是审议业务预算的参考。

第六步，业务预算审议一般在十二月底结束，公司同时召开年终表彰大会，兑现当年绩效考核奖励，签订下一年业绩承诺书。

预算编制工作通常在春节前完成。

由此可见，在当年经营期末结束前，企业就可以确定业务预算，但无法确定财务预算，财务预算一直处于测算状态。只有在当年经营期结束后，会计报告完成，资产负债预算的期初余额更新后，才可以确定财务预算。虽然此时企业已经开始下一个经营年度，但不影响预算的引领作用。因为引领企业经营活动的是业务预算，这个预算在上一年的十二月已经确定。所以，业务预算并没有“空窗期”，只是财务预算可能会有一两个月的滞后，但对企业运营影响不大。

财务预算的核心是资金预算，如果企业不存在资金困难，预算滞后对企业没有多大的影响。更何况现在预算编制的信息化和智能化水平很高，财务预算可以实时更新，影响几乎为零。总之，业务预算没有“空窗期”，财务预算有滞后，但对企业运营的影响不大。

无法预测的项目是否都列入“其他”项？

提问： 业务部门在编制预算时，往往会在“其他”项中列入较大金额的费用预算，有些甚至达到 60%，理由是很多事项无法预测，这样可以减少预算外审批的很多麻烦。请问这样是否可行？

预算中的“其他”项中的事项往往就是搞不清的事项，强行要求细化是做不到的，所以无法提供事项明细。事实上有一些企业确实存在很多不确定事项，且都要花钱，但究竟会有什么具体事项，业务部门并不清楚，只是根据经验会有 40% 左右的预算用于不确定事项。如果不允许把这些不确定的支出列入预算，预算总量与实际支出就会偏离太多；如果列入预算，业务部门又会利用“其他”项任意调节预算，使预算失去严肃性。

对于这个问题，我的意见是，企业可以建立预算缓冲（budget buffer）。用来应对不确定支出。但是预算缓冲池不能建在业务部门，而应该由企业掌控，以在滚动预算时随新事项的产生安排预算。也就是说，企业的费用预算中可以有“其他”项，业务部门的预算则不允许设置“其他”项，即使有其金额也应该很小。动用预算缓冲的权限应该属于预算管理委员会。

预算管理如何配合老板的投资冲动?

提问: 公司经过快速成长，赚了一些钱，加上外部投资，公司的现金流非常稳定，于是老板决定在全国各地开办分公司，要“大干快上”。请问预算管理如何配合老板的投资冲动呢?

企业的发展有5个阶段：培育期、成长期、成熟期、平台期和衰败期。当企业处在什么时期，老板可能会进行冲动投资呢？是成长期。成长期是企业必经的阶段，只是不同的企业持续的时间不同，结果也不同。应该怎么面对企业成长期老板的投资冲动呢?

首先，应让老板像认识人的生命规律一样认识企业的生命周期。很多企业的老板其实没有这个认知。曾经有记者采访成功的企业家，问他们在企业发展中最大的危险是什么。他们的回答几乎都是“挡住诱惑”。怎么挡住诱惑？采取制度治理，建立企业发展的战略和规划、预算管理制度和企业风险控制制度。

企业的预算管理制度是为了帮助老板“挡住诱惑”的。但是，用预算管理配合老板的战略，就相当于用制度迎合老板的投资冲动，这样的预算管理不是真正的管理。预算管理不应积极配合老板的投资冲动，而应抑制。冲动通常是即时性和非理性的，预算管理正好可以抑制冲动，因为预算管理追求的是理性化和数据化管理。完全抑制老板的投资冲动是不可能的，也许他的想法是正确的，完全抑制可能会让企业失去发展良机。预算如同马的缰绳，可以让马奔跑，但不能让马瞎跑，必要时可以用缰绳勒马。

○• “零基预算”怎么成了“拍脑袋预算”？

提问： 公司在编制资源配置预算时采用零基预算法，但感觉不如用增量预算法靠谱。“零基预算”是从零开始吗？预算如果从零开始则没有依据，是不是就会变成“拍脑袋预算”？

任何一种方法和工具，都是为了解决某种问题而出现的。“零基预算”（zero based budgeting）解决的是什么问题呢？就是“杰克·韦尔奇死结”，即“年初抢指标，年末抢花钱”的问题。

“杰克·韦尔奇死结”普遍存在。人们研究发现，产生这个“死结”的根源是预算方法不对，用增量预算法进行资源配置，必然造成“年末抢花钱”的情况，因为上一年花得越多下一年的预算就给得越多。那么，如果放弃增量预算法，有什么更好的方法可以解决资源配置的问题呢？

20世纪70年代，有人提出了“零基预算”，其基本含义是，预算编制从零开始，不看过去，也不看未来，就看现在，即预算只回答今天做这件事需要多少钱是合理的。比如，销售人员拜访客户需要差旅费，差旅费预算定多少是合理的呢？销售人员说需要2万元，审批的人说太多了，只能给1万元，哪个是合理的？公司需要相应人员出差拜访客户合理，但是2万元的差旅费合理还是1万元的差旅费合理？谁也说不清。

所以，“零基预算”从提出那天起，就出现了理论正确但无法应用的难题。有人也许会说，既然理论正确就会找到应用的方法，我认为未必。古往今来，找不到应用方法的正确的理论其实有很多。

降成本预算怎么做？

提问： 某家电生产企业，随着市场竞争越来越激烈，其产品销售价格越来越低，单品利润空间也越来越小。老板希望财务部门能够拿出一个降低生产成本的预算方案。这个方案应该怎么做呢？

预算管理是进行经济职责管理的工具。企业的经济职责就是挣钱，降成本是挣钱的永恒途径。一般情况，只有降成本才能降价格，只有降价格才能占市场，所以，老板找财务部门降成本是理所当然的。老板为什么不直接找与生产成本有关的责任人呢？因为找财务部门降成本可以从源头上建立降低生产成本的机制。那么，财务部门应该如何制订降成本的预算方案呢？

第一，找出生产成本的责任主体。通常生产成本的责任主体由设计、采购和制造或施工构成。财务部门应明确每一个责任主体的责任程度，比如设计占 85%，采购占 10%，制造或施工占 5%。

第二，通过预算给各责任主体制定降成本目标。为保证目标的科学合理，财务部门可用“功能成本法”确定设计降成本的目标，用“杠杆预算法”确定采购降成本的目标，用“ABC 法”确定制造或施工降成本的目标。

第三，建立科学的考核奖励制度，保证价值创造和价值分享一致。

第四，设计“归零指标”，防止一味降成本导致对生产效率、质量、安全和环境等方面的破坏。

如何防止研发预算变成“无底洞”？

提问： 我所在的公司以前的财务状况都比较好，属于资金充裕的公司，但自从有了四个研发项目后，就陷入两难境地，往前走没有钱，往后退又退不下来，我们觉得公司是被研发限制了发展。究竟研发什么是对的，研发什么是“白花钱”？一个研发项目究竟需要多少钱？这些无法预知，研发项目很容易变成“无底洞”。与其他领域比起来，研发领域的预算编制、监控、考核和评价都比较难，到底应该怎么办呢？

研发预算管理的目的是什么？是压缩开支？显然不是，如果要控制研发投入，不如不做研发。是不让研发系统乱花钱？研发系统自己都无法判断在研发的过程中什么钱该花、什么钱不该花，预算管理更无法判断。是保证研发项目成功？这一点研发系统自己都不能保证，预算管理更不能保证。由此看来，研发系统就像一匹没有目的的野马，很难预知和管理。但是，越是野马越要控制，越是未知的、不确定的越要做好预算管理。也就是说，研发领域的预算管理必须要做而且要做好。

我们需要搞清楚研发失败会给公司造成什么危害，这个危害有多大，公司能否承受。这是研发预算管理的重点。如果我们事先不做危害性评估，总是假设一定会成功、一定会赚钱，若出现问题就会感觉难以接受。所以，研发预算管理的关键点在于危害性评估和控制。

研发通常分为两种，一种是成本优化研发，另一种是技术创新研发。成本优化研发通常“看得清、说得明”，花多少钱会得到什么成果，基本上是有把握的，即使不成功也没有多大危害。技术创新研发则比较危险，需要严格地评估危害。

具体来说，研发预算管理要做好以下四个方面的工作。

一是研发战略预算，做好总量控制。战略预算就是确定哪些研发要做，哪些研发不做。一般来说，既无人力也无财力或者不可能领先只能跟跑的研发项目不做，不能让研发限制企业发展。

二是研发节点管控。采用滚动预算，使投入与成效关联，若只见支出不见成效则立即停止。

三是研发进程第三方评价，将阶段性成果与研发人员的业绩关联。

四是研发人员只奖不罚，但要防止某些人打着科技的幌子危害企业。

营销费用预算要不要与销售业绩关联？

提问： 我所在的公司上半年销售业绩不好，营销系统说是营销费用投入不足造成的，营销费用应该跟销售业绩挂钩。这种挂钩合理吗？如何让营销费用预算编制合理、监控到位呢？如何建立一个好的考核机制，在引导营销人员积极完成销售目标的前提下努力减少不必要的营销开支呢？

“营”是市场（marketing），“销”是销售（sales）。如果把“营销”比喻成钓鱼，“营”就是打塘，“销”就是下钩。很多企业在编制营销费用预算时会将其与销售收入关联，即“业绩好营销费用就多，业绩不好营销费用就少”。如果从公司对营销费用的承受能力上来说，这种做法是稳妥的，经济学将其称为“量入为出”。但实际上，这种做法并不妥。

首先，这种做法颠倒了销售业绩与营销费用之间的关系。企业通常是先有营销费用后有销售业绩，营销费用投入越充分、越到位，销售业绩就越好。不投入营销费用就有销售业绩的企业基本上不存在。把营销费用与销售业绩关联就是假设先有销售业绩后有营销费用，显然不妥。

其次，这种做法假设了一个错误的前提——企业花的钱必须是企业挣来的。事实上，企业的初始资金来源于投资人、贷款等，这些资金都不是企业挣来的，而是在企业赚钱之前就投入企业的。这些资金的存在就证明了一个事实——企业是先花钱后挣钱，挣的比花的多。“量入为出”是落后的经济思想，已经被市场经济抛弃，市场经济遵循“先花钱后挣钱”原则，而且是尽量“花别人的钱办自己的事”。

最后，这种做法还犯了一个管理会计的常识性错误，它假设营销费用是完全变动费用。事实上营销费用中有很多费用与销售业绩无关，是固定或相对固定费用，如基本工资、场所费用、办公费用等，即使销售业绩为零，这些费用也照样会产生。比如广告费用尤其是品牌美誉度宣传的投入费用，不一定会马上带来业绩，但这些费用都是应该投入的。

基于以上三点，建议在做营销费用预算时先区分变动营销费用和固定营销费用。变动营销费用与销售收入或销售量关联，如销售佣金、运费、保修费等。固定营销费用通常根据流向分为市场开发费用、客户开发费用和客户维护费用。在编制营销费用预算时，我们要根据产品特点和营销模式决定固定营销费用中这三种费用的占比，如快消品，市场开发费用占比为80%~90%，而有些产品和服务的市场开发费用为零，如处方药。

在确定营销费用投入策略后，再使用“ABB法”按照事项进行费用预算的具体配置。

在预算管控环节，我们主要监控既定策略的执行力度和效果。当然我们也希望营销系统在完成销售业绩的前提下节约营销费用，但这种节约不能以不完成销售业绩为代价，或者不能以该做的事不做来形成节约。因此对营销费用的节约奖励要设置归零条件——如果销售业绩没有完成，费用节约不予承认。

营销费用预算如何防止“马太效应”陷阱?

提问：我所在的公司按营业额核定营销费用预算。业绩好的人，营销费用预算就多；业绩不好的人，营销费用预算就少。结果陷入了“马太效应”陷阱——富者越富，穷者越穷。究竟怎么编制营销费用预算才能既不影响销售业绩也不出现漫天要价的情况呢？怎样才能让每笔开支真正地服务于营销呢？

营销费用预算的目的是什么？帮助营销系统完成销售活动。所以，营销费用与销售业绩之间成正比例关系，也就是投入越多销售业绩就越高。那么，正比例关系中的比例是多少呢？是1 ∶ 1还是1 ∶ 10？谁也说不清。

有人说可以根据以往年度营销费用比来确定。但实践中这种做法并不合适。首先，过去的市场环境和未来的市场环境往往不可比，企业在成长期的营销费用和在成熟期、平台期的营销费用不一样，老产品的营销费用和新产品的营销费用也不一样，所以依据一个比例来配置营销费用，没有科学依据。即使企业有很好的依据，也会陷入“富者越富，穷者越穷”的“马太效应”陷阱——销售业绩好的，资源配置高，销售业绩不好的，资源配置低。这就像种地：对于地肥水美、五谷丰登的地方，我们不停地加大投入，其实那个地方不投入收成也不错；而由于贫瘠之地收成不好，我们减少投入，结果导致收成一年不如一年。如此，就会导致没有人愿意开发还没有业绩的新市场、推广新产品，也没有人愿意去市场环境不好或者竞争激烈的地方做销售。还会造成业绩好的人理直气壮地花钱，业绩不好的人不敢花钱，结果就是“富者越富，穷者越穷”。

营销实际上是“营”和“销”两个动作，动作对象都是客户。我们把客户分成潜在客户、工作客户和购买客户。

潜在客户是我们的产品和服务锁定的客户，但他们并不知道我们的存在，所以我们要花钱让他们知道，花的这部分钱叫“市场开发费用”，包括广告费、促销费等。

工作客户是已经知道我们但还没有选择我们的客户，我们要花钱让他们选择我们，花的这部分钱叫“客户开发费用”。

购买客户是已经购买我们产品和服务的客户，我们要花钱让他们继续购买，花的这部分钱叫“客户维护费用”。

这三种费用基本上构成整体营销费用。

市场开发费用预算无法与销售业绩关联，因为市场开发在先，销售业绩在后，只能根据市场开发计划进行一对一的事项性预算。但是，也要考核市场开发的有效性，可依据公式考核，公式是**“竞争增量 = 市场开发费用 ÷ 边际贡献率”**，基本要求是不赔不赚，保证竞争能力再生。

客户开发费用预算也无法与销售业绩关联，销售人员出差拜访客户会产生差旅费，但不能保证客户一定会在当前下单，也许客户明年才下单。我们不能说“客户不下单就不拜访”，这违背了销售规律。

客户维护费用预算在一定程度上可以与销售业绩关联，客户给我们的回报越大，我们给客户的服务投入就越多，客户越多，我们的售后服务支持就越到位。

每个企业的营销模式不一样，客户价值点也不同，营销费用预算的重点也不一样。比如服务行业的重点可能是客户维护费用预算，快消品行业的重点可能是市场开发费用预算，机械设备行业的重点可能是客户开发费用预算。如果重点错了，营销费用预算的钱可能就会白白流失。

年度预算如何在经营期分解？

提问： 年度预算确定以后，只是确定了终结指标，如果要进行过程跟踪，需要将年度预算进行季度或月度分解。年度预算如何在经营期分解，是进行季度分解还是月度分解？

年度预算一旦确定后需要马上分解到月度、季度或半年。分解到月度、季度还是半年，主要依据市场行情的变化程度。如果以往年度预算调整幅度达到 80%，建议按月度分解；如果以往年度预算调整幅度达到 40%，建议按季度分解；如果以往年度预算调整幅度达到 20%，建议按半年分解。

业务收入按照以往的完成进度分解到月度或季度，这个工作可以由业务部门来完成，也可以由财务部门分解，但若由财务部门分解，应取得业务部门认可。随之对应的变动成本也进行分解，固定成本是平均分解，即年度预算总额除以 12。经营费用中工资性费用平均分解，非工资性费用分为现金性费用和非现金性费用，基本上是平均分解。随业务收入变动的销售佣金、运费、退市预提金额、保修预提金额可以单独列式。这项工作通常由财务部门完成。

预算分解的核心是资金预算，应了解经营过程中是否存在旺季资金暂时短缺的情况，或季节性采购资金的保证问题。通过 DTO[DTO= 存货余额 ×（累计销售成本 ÷ 累计销售天数）]、DSO[DSO= 应收账款余额 ×（累计销售天数 ÷ 累计销售收入）] 等在月度或季度中的改变，快速测算运营资金的压力，同时安排好资本性支出的投入节奏，以防止过度或集中的资本性支出打乱运营资金的节奏，造成投资挤占运营的局面。这是财务部门要完成的工作。

预算分解后，随着企业运营月度开始，企业在该分解预算上编制滚动预算，接入当月实际数据，同时对以后月度或季度的预算进行修改和调整。这个工作由各业务部门完成。财务部门要快速测算财务结果，并将其报给预算管理委员会，预算管理委员会审议通过后，其即为滚动预算方案，各业务部门必须按滚动预算方案开展工作。通常各业务部门提交滚动预算的时间是当月 25 号，预算管理委员会审议滚动预算方案的时间是下个月 3 号。时间基本上是固定的。

以上是预算分解和滚动预算的工作安排。

KPI 是在预算编制之后确定吗？

提问： 我所在的公司在梳理未来 5 年战略规划并准备启动下一年预算编制工作。在流程方面，我理解的是年度经营目标确认后应进行目标分解，形成各部门 KPI 目标，部门依据 KPI 目标制订工作计划及预算。然而，现在公司聘请的外部顾问将 KPI 的确定设在完成预算编制后。请问哪个是对的呢？

KPI 的确定是在预算编制之前还是之后呢？这位朋友认为应该在之前，但他所在的公司的外部顾问认为在之后。究竟哪个是对的呢？

预算编制从顺序上来看，有 TD 和 BU 两种方式。TD 即自上而下地下达指标，如果只采用这种方式，预算编制就是下达指标，没有过程管理，是行政命令的一种表达方式。如果完全采用 BU 方式编制预算，即自下而上形成指标，形成的预算方案基本上是非常保守的方案。在预算编制中，通常要采用这两种方式，但要扬长避短，用 TD 方式来引导，用 BU 方式来执行。因此，KPI 是先由公司依据 5 年规划提出 KPI 的期望值，在这个期望值引导下，各预算单元编制预算方案。预算方案的结果可能与 KPI 的期望值有差距，需要经过双向沟通和调整，然后达成一致，所以 KPI 的确定是在预算方案敲定之后，不仅要确定 KPI 本身，还要确定考核方法和激励措施。

我们可以采用“三级递进目标法”来确定最终方案。比如我们把采用 TD 方式得到的期望值作为挑战目标，把采用 BU 方式得到的期望值作为底线目标，把最终讨论的结果作为进取目标。这也是一种不错的预算安排。总而言之，预算的关键词是管理，如果预算变成了纯粹地分指标，这种预算就只是数字。

可以不考核预算吗？

提问： 公司的预算管理就是定目标，并没有考核，也没有明确的奖惩制度。老板根据公司的盈利情况确定年终奖金的数额，然后由人力资源部门分配给大家。请问这样的做法可行吗？

什么是预算？顾名思义，就是事先计算。预算最初的概念是根据不同的目的进行资金安排。安排的目的是使花的钱不超出已有的钱。问题中提到的公司虽然编制了预算，但是老板行为不受预算的限制，那么这个预算实际上不是真正意义上的预算，只能叫作“计算”或者“预测”。“计算”就是只得到一个结果，这个结果不具有引导或约束作用。“预测”是告诉公司一个可能的结果，但结果并不重要，也不追求这个结果。

很多公司的老板都像这个老板，虽然编制预算，但其行为不受预算约来。预算管理是责任人必须按某个跑道跑，跑偏了要纠正，跑不到要惩罚。如果不用预算引导公司的日常经营活动，而是按老板的想法做事，就没有预算的过程管理。到年底，预算早就被人忘了，老板只能凭感觉发奖金。这种运行模式是典型的“板儿爷式模式”，与现代企业制度不是一种模式。如果一家小规模的私营企业暂时这么做问题也不大，但不能把这个过程称为“预算管理”。

应该考核预算准确率吗？

提问： 公司在预算考核中要考核预算准确率，规定预算偏差不得超过20%，每偏差5%，扣2分。请问这种考核是否可以？预算追求准确率吗？

预算管理不能用财务会计的思维方式来理解。财务会计追求精确，小数点后面两位数的差异也必须找到。精确是财务会计的职业精神，但是管理会计更加追求功效。所谓“功效”，就是看某项措施是否真正推动了企业进步，如果企业进步了，说明实施了正确的管理。比如，“杠杆预算法”给出的降成本目标可能非常不准，但由于有了这个目标，采购部积极地降低采购价格，生产车间积极地寻求降低消耗的方法，研发部门积极地改善设计，这就说明“杠杆预算法”发挥了功效，预算在真正地发挥作用。如果我们执着于预算准确率，会造成以下三个副作用。

第一，没有人敢报预算，也没有人愿意审批预算。因为“谁报预算谁被追责，谁批准谁麻烦”。

第二，为了证明预算的准确，各单位都按照预算做事——没有预算，该做的事也不做；有预算，不该花的钱也花。企业完全被推入“杰克·韦尔奇死结”。

第三，预算准确率会使预算僵化，关联企业的经营活动，使企业降低经营活动的灵活性。为了防止预算僵化，才有了滚动预算，滚动预算的存在就是允许年度预算不够准确。“三级递进目标法”的作用是让年度预算方案具有一定的弹性。

预算是预计未来，应该力求准确，但准确也是相对的，谁也不能准确预测事情发展情况，因为不准确所以允许在过程中修正。当然也不是随意修正，要有严格的审批程序。所以，预算不在于准确，而在于管理功效，如果产生了反向引导，准确的预算也是失败的。

预算考核与业绩考核是一回事吗?

提问： 公司正在制定业绩考核的奖惩措施。预算管理的目的是改善业绩，那么预算考核与业绩考核是什么关系，是一回事吗?

管理会计的核心是强化企业的经济职责，包括目标设定（预算管理）、制度治理（内部控制）、过程跟踪（财务分析和评价）和结果考核。与经济职责并存的职责是行政职责，也就是企业的行政管理。推动这两项职责履行的职能部门一个是财务部门，另一个是人力资源部门。财务部门主要推动经济职责履行，人力资源部门主要推动行政职责履行。这两个部门相当于总经理的左手和右手，发力点是总经理。也有企业成立两个委员会，一个是预算管理委员会，另一个是薪酬和绩效管理委员会，前者抓预算考核，后者抓绩效考核。

预算考核是量化考核，即完全用数据和公式说话，不掺杂任何情感、印象和关系等非量化因素。绩效考核既包括量化考核也包括非量化考核，完成进度、合格率、满意率、出勤率等都属于非量化考核因素。

预算考核解决的是奖金来源问题，绩效考核解决的是奖金去向问题。也就是说预算考核是“做饭”，绩效考核是“吃饭”，没有预算考核就无法实行绩效考核。

两者在考核方法上也有所不同。预算考核是“加法”，做得越好奖金越多。绩效考核是“减法”，做得越不好扣得越多。但做“减法”会使员工气馁，现在许多企业绩效考核也在尽量做“加法”，绩效考核决定实际奖金数额。

预算奖金是按定额制还是按提成制发放？

提问： 公司在设计“奖金池”时，奖励方式引起了争议。有人主张业绩提成，做得越好奖金越多；有人主张定额奖金，做多少发多少，奖金都是确定的；有人主张物质加精神奖励。请问，这些主张哪个更有利于推动公司的发展呢？

奖金从哪里来？奖金来源于企业的利润。员工履行了经济职责，为企业赚到了钱，企业就给员工发奖金。奖金是员工自己挣的，是用来发的不是用来扣的，我们平时说的“扣奖金”理论上是不成立的。因为奖金不像工资那样固定发放，它是从零开始逐渐累加的，所以不存在“扣奖金”的说法。

准确地说应该是“扣工资，发奖金”。员工没完成或者没做好企业分配的工作，应该扣工资。如采购人员没有及时买到白板笔，没有有效履行约定的“行政职责”，采购工作不合格，当然就没有资格拿到约定的工资，所以要“扣工资”。但是，事实证明，“扣工资”不但不会让员工合格，反而会激发员工的负面情绪，给企业造成不可挽回的损失。

奖金用来鼓励员工积极履行经济职责。在雇佣时，双方没有约定经济职责，很少有企业在招聘采购人员时约定其必须降低多少采购成本。经济职责是雇佣后通过预算管理来约定的，未完成约定就没有奖金，完成得越好奖金就越多。所以奖金原来是没有的，只有员工履行了经济职责才有，才有“奖金池”的概念。池子里开始什么都没有，由于员工履行了经济职责才逐渐有奖金进人，干得越好池子里的奖金就越多。

那么，奖金是以提成的方式发放还是以定额的方式发放呢？首先奖金不是提成，没有百分比的概念。奖金和销售人员的业绩提成是不一样的概念，销售人员提的是“佣金”，相当于中介费。采用提成制发放奖金实际上是分红，是把员工当成股东而且员工享有“分盈不分亏”的优先权。如果奖金不封顶，很可能在业绩井喷时，员工会得到巨额奖金，而业绩井喷与员工没有多大关系。所以，应该采用定额制发放奖金，即企业针对不同职位的经济职责来确定年终奖金的数额，“奖金池”中的奖金达到这个数额后就不再增加。有家保险公司 CEO（Chief Executive Officer，首席执行官）在 2003 年股市井喷时收到七千多万元奖金，这就是提成制的结果，其实那年金融投资行业企业业绩都出现了井喷，别的保险公司总经理只收到两三百万元奖金。有人担心奖金封顶会造成“能人流失”。通常情况下业绩井喷跟能人没有多大关联，没有这些能人，公司业绩也会很好。业绩井喷通常是整个市场行情造就的，能人是聪明人，他们明白其中的道理，流失的概率很小。而且奖金数额与奖金功效成负相关关系，即奖金数额越大激励作用越小，此时精神奖励比物质奖励更有效。

什么预算管理软件好？

提问： 我所在的公司正在选择预算管理的软件系统。一直以来我们用 Excel 编制预算，但表格太多、数据计算量太大、预算调整频繁，导致工作量太大。请问有哪些比较好用的预算管理软件？

软件是人的智慧产物，思想有多远，软件就能走多远。格式化程度越高，计算机模仿的程度就越高。财务会计软件就是这样，人类在很早之前就设计出一整套会计的核算方法和体系，基本框架没有什么变化，而计算机很容易替代人工，所以出现了很多会计软件。然而，预算的格式化程度很低，国际上也没有通用的预算准则，计算机不能快速模仿。

从预算的深度来讲，有些应使用预算编制软件，有些应使用预算管理软件。能实现预算编制功能的软件有很多，最常用的是 Excel。通常营业规模在一亿元以下的企业，用 Excel 就可以搞定预算编制。但是，Excel 的数据处理能力比较弱，表格和公式比较复杂时，出错概率比较大，链接容易丢失。尤其是数据更新或修改极容易破坏原来的公式关系。所以用 Excel 编制预算对人工的依赖程度很高，如果当初的设计者离开，继任者无法接手，只能从头再来。如果企业规模不大、业务简单，重新设计预算系统也不是很难，所以规模小的企业使用 Excel 编制预算问题不大，但规模大一点的企业就不适用。规模较大的企业必须使用专业的预算编制软件。目前国内企业使用的 ERP 系统都号称有预算功能，但大多只是有预算接口，即只能将 Excel 的数据转到 ERP 系统，有些可以自动转入，有些需要手工输入。有些软件有预算编制功能，但基本上只能完成财务预算编制，没有业务预算编制的功能。有些软件虽然有财务预算编制的功能，但只能编制利润预算，企业最关心的资金预算编制功能基本没有。有些企业是通过二次开发来实现自己需要的预算编制功能的，基本上属于私人订制，这主要针对资金充裕的大型企业。

所以，大多数预算管理软件在编制上离实际需求很远，在管理上就更远了。我们一直强调预算管理是管理会计的工作职责，那么预算管理则是“钉”，财务管理是“锤”，钉子再好，没有锤子，也不能发挥功效。预算的目的是管理，是对企业经营活动进行全流程引领。但目前市面上的软件几乎没有这方面的功能，不是它们不能实现，而是它们不知道如何做。这也是目前预算管理软件落后的原因。

总而言之，在国外和国内智能化预算管理软件的开发都在同一起跑线上。这也说明对于全面预算管理的理论和方法体系，世界还没有形成共同的认知和标准，无标准，当然就无法设计软件。相信将来会有一款前瞻性高的、实用性强的、智能化的预算管理软件造福于企业。

风险控制和绩效管理篇

采购价格高了怎么办？

提问： 我所在的公司是一家连锁酒店，我发现采购部门买的客房用品的价格明显高于市场价格。比如，一套同一品牌和规格的精制棉“四件套”，市场价是 600 元，采购部门的采购价格是 900 元。这个价格采购总监批准了，老板也批准了，但我认为价格明显高了，为此公司可能要损失几十万元，采购部门显然没有很好地履行经济职责。在这种情况下，我作为财务总监应如何强化采购部门的经济职责呢？

财务部门知道“四件套”买贵了，面对采购部门申请付款，行政领导和老板都已经批准的情况，财务总监如何处理呢？把款付了，公司可能要因此损失几十万元，不付款又没有充分的理由，怎么办？有朋友建议财务总监直接找老板，告知采购部门“四件套”的采购价格高了，市场价是 600 元 / 套，采购部门却买成 900 元 / 套。如果这样做，老板会如何反应？老板可能会有三种反应。

第一种反应是，问财务总监怎么知道的。老板问这个问题就前置思考，按理说这件事情财务总监不可能知道，因为不在财务总监的工作范围之内。于是财务总监把如何知道的过程告诉了老板。老板听了之后只是若有所思地说“知道了”，没有明确表态。付不付款还是要财务总监自己决定。

第二种反应是，老板听后非常高兴，说财务部门就应该这样，应帮公司看好“钱”。然后，老板对财务总监说：“既然你知道哪里可以买到更便宜的‘四件套’，你去买吧，免得采购部门到处乱跑还找不到价格合适的‘四件套’。”于是财务总监把“四件套”买回来，替公司省了几十万元，为公司做出了贡献。这么做的后果是，财务部门从此改成采购部门，采购总监变成了采购员。再后来，只要财务总监说公司哪个部门“瞎花钱”，老板就让财务总监去办，财务部门成了综合部门，财务总监变成了办事员。

第三种反应是，老板听财务总监汇报完后，暴跳如雷，拿起电话就把采购经理叫到办公室批评。最后，采购部门的确用600元/套的价格买回了“四件套”，为公司省下了几十万元。但从此以后采购经理与财务总监结仇。渐渐地，公司其他部门经理也和财务总监结仇，因为财务总监总是到老板那里“告状”。就会出现这样一个场景：只要财务总监不在现场，其他部门经理就在老板面前讲财务总监的种种不好。老板也知道财务总监忠心耿耿地为公司工作，没有问题，但架不住其他部门经理说他/她不好，最后只能辞退财务总监。

所以，财务总监找老板“告状”并不是一个明智的做法。这种做法错在哪里呢？财务总监没有掌握强化经济职责的方法，而是在用个人的力量强化经济职责，把“财务管理”看成了“财务部门的管理”，看成了“财务总监的管理”。如此，财务总监就是一个人和一个群体“战斗”，结果多是失败。

财务管理强化经济职责的方法——建立制度。让制度推动代替人的推动，用机械动力代替人力。制度的一个优势是不针对特定的人，只针对特定的现象，如果有人违反制度，那就是人与制度的较量，不会成为人与人的较量。制度的另一个优势是不因个别人的岗位更换或个别人的兴趣、情感而发生改变，它的推动力是持续永恒的。因此，强化经济职责并不是把财务经理或财务总监推到一线，而是把强化经济职责的制度推到一线，这样既持续有力又能避免财务经理或财务总监“受伤”。

那么，强化经济职责的制度是谁定的呢？财务总监是主持和推动这件事的人，同时还要联合人力资源、审计、监察、纪检、业务领导和老板的力量，是集体参与、集体讨论、集体决定的。不管个别人愿意不愿意，只要所有部门都参与了，都同意了，这个制度就诞生了。

有朋友说，他们公司有各种制度，但基本都是贴在墙上、写在书里，实际并不按制度执行。出现这种情况，大多是因为制度本身就存在缺陷，没办法执行。比如，某个工程违反安全标识的人很多，事故也很多，多数情况下不是这里的工人不遵守制度，而是施工方的标志设置得不合理。如果制度无法执行或执行了就严重损害个人利益，就不能真正起到推动作用，只能成为“墙上制度”。那么，制度要怎么制定才能真正起到推动作用呢？请记住：**目标引导、过程跟踪、结果评价、利益触动**。

回到提问中“四件套”的采购价格高的问题。财务总监不应该向老板“告状”，而是要思考为什么采购部门“买高不买低”，“四件套”的采购中出现了这种问题，难道其他物品的采购中就没有这种问题吗？应如何从根本上解决采购部门不履行经济职责的问题呢？除了采购部门，生产、研发、销售、人力资源等其他部门是不是也存在不履行经济职责的问题呢？我们不仅仅要解决“四件套”采购价格高的问题，更重要的是解决全公司不履行经济职责的问题。建立一个让公司所有员工自觉地“买低不买高，买好不买孬”的机制才是强化经济职责的根本之道。

回到上述采购价格中的问题。一是不能向老板告状。二是直接找采购总监沟通，也许另有原因。如果沟通无效，建议批准付款。三是着手激励制度的建立或修订。有人会说，这样会眼看着公司损失几十万元，没错，公司每天都在挣钱，也在损失钱，损失是管理不完善的代价，没有一个企业成立第一天就有科学完善的制度，制度完善之前的损失都是完善的代价，这个不可怕。可怕的是代价付了制度没有完善，代价就没完没了地付。

为什么有的企业只考虑花钱不考虑省钱?

提问： 我所在的公司是一家资源型公司，只要掌握资源就可以赚钱，而且只赚不赔，所以部分人认为不需要控制成本费用，相反成本费用高可以成为涨价的理由。预算编制的目的与其他企业相反——想法子多花钱，钱花多了，涨价的理由就多。只有我认为这种做法是不对的。这种情况下该怎么办呢?

有些朋友非常羡慕这样的企业，不用控制成本费用，所有开支都可以通过涨价让下游承担。其实这样的企业有很多，它们不管成本费用，不管盈亏，更不管价格，企业的任务是把产品生产出来，这样的企业不叫“公司”，叫“工厂”“单位”，供、产、销、人、财、物全部由有关政府安排，我们称之为“计划经济”，吴敬琏教授称之为“命令经济”。改革开放后，我国由计划经济体制过渡为社会主义市场经济体制。当资本进入工厂，工厂的任务就变为“赚钱”。这时我国才出现了“企业”，“工厂”改名为“公司”。

提问中的公司，显然是一个有资本但没有资本任务的企业，或者有资本任务但企业可以把任务转给客户的企业。什么样的企业可以“命令”客户？是把“客户”当成“用户”的企业。“客户”是企业的衣食父母，与企业是“用户”的衣食父母，这是两种不同的境界。通常把“客户”当成“用户”的企业都处于垄断地位，比如摩某罗拉曾率先掌握无线通信技术，处于技术垄断地位，就不需过多控制成本和费用，所有成本都可以转嫁给用户。这种企业的运营重点不在管理，所以这种企业没有必要做预算管理，也不太有预算管理的环境。如果偏要做预算管理更侧重于像前文提到的：想办法花钱。这种情况下，如果财务部门偏要控制，就是堂·吉诃德与风车决斗，建议财务部门还是跟大多数人保持一致。

这样的企业、这样的情况处处都有，集团里有这样的子公司，子公司里有这样的部门，部门里有这样的岗位。所以，如果你所在的企业也是这种情况或者你所在的企业也存在这种情况，不必感到惊讶也不必为预算管理而烦恼，因为这种情况下企业不需要预算管理。

为什么“ABB 法”编制的预算更高呢?

提问： 公司在编制费用预算时，开始是用“增量预算法”，结果发现会引发“两抢预算”（年初抢指标，年末抢花钱），后来用“ABB 法”，通过动作量、动因和消耗标准来编制预算，结果差旅费预算比用“增量预算法”编制的还高，请问这是怎么回事呢?

费用就是花的钱，在企业中花钱有三个指向，一是花钱销售产品，二是花钱做产品，三是花钱做事。可不可以不花钱就把这些事情做好呢? 一般不可能。企业员工都是普通人，所以都需要消耗一定的资源去做一些事，还不能保证做好。但花多少钱是适当的呢? 如果以前有这样的事，过去花了多少钱把事情做好了就是最好的依据。于是人们为了证明现在预算的合理，就拼命把上一年的预算花完甚至再多花一点，同时夸大自己所做事情的复杂程度，以争取下一年可以配置更多资源，结果使企业陷入“杰克 · 韦尔奇死结”。这就是“增量预算法”的缺点。

“ABB 法”根据动作量、动因和消耗标准来配置资源。这个方法的最大特点是坚持合理资源配置。资源配置不当会导致少做事或不做事。前文提到企业用“增量预算法”进行资源配置引发了“少做事，多花钱”的情况，说明以前的预算编制方法已经严重影响企业的正常运营，已经无法发出合理的动作量，现在“ABB 法”让企业进入合理的资源配置状态，这是一件好事。但用“ABB 法”编制的差旅费预算比用“增量预算法”编制的差旅费预算高，为什么会出现这种情况呢？“ABB 法”最大的优势是该花的钱就要花，不花说明没做事、不作为。从这点来看，“ABB 法”可以有效地引导业务部门更好地做事。所以，全面预算管理并不是一味地追求少花钱，而是鼓励合理、有作为地花钱，这正好符合企业花钱赚钱的本质特征，也是业财融合的重要方面。“ABB 法”让差旅费预算费用不减反增，说明过去的费用预算是被人为地压低的，进行了不合理的资源配置，现在用 ABB 法纠正了这个不合理，这正是理性化管理的体现。

奖励会不会让业务部门变得很算计？

提问： 如果采取“三级递进目标法”将目标和利益关联，设置不同的奖励力度，会不会导致“该花的钱不花，该办的事不办”？企业成本项很多，如果对每个成本项都采取“三级递进目标法”会不会不现实？如果只对总成本设“三级递进目标”，又没有办法约束每一项，该花钱的时候还是会照样花，但节约了年底有奖励的事情应该很少有人会记得。事事都算得很清楚，事事跟利益关联，会不会让大家都变得很算计？

在前面我们说过，预算是“不靠谱”的计算，基于预算而开展的管理，是“不靠谱”的管理。但是，如果没有“不靠谱”的预算，整个公司的经营都可能变得离谱。也就是说，预算一般很难准确更谈不上精确，如果有人利用“业务门槛”使劲“灌水”，当然就会使预算更不准确。谁应该负责挤压预算的水分呢？财务人员自告奋勇地或被动地“挤水”，但基本上是盲人摸象。财务人员也因此被业务部门戴上了“不懂业务”的帽子，于是“不务正业”地去学习“业务”，结果业务没做好，业务部门就把责任全部推给财务部门。

在预算管理中财务人员只是“教练”，向预算管理提供技术支持

（方法和工具）。对于业务预算的准确性，财务人员提供判断的方法，但不能自己来判断。采购价格准不准当然应该由采购总监来判断，财务人员如果自己判断，则由“教练”变“裁判”，这是不适当的。把财务人员这个“外行人”推到“一线”，实际上就是把采购总监这个“内行人”推到预算的对立面，结果就是“内行人”没能“挤水”反而看上去像跟着一起“灌水”。所以，应该让“内行人”把“不靠谱”预算编制得比较靠谱。把采购价格里的水分挤掉，让采购预算更准确，不仅是采购人员的经济职责也是行政职责。然而，尽职的“内行人”也是相对的，所以需要用“三级递进目标法”让“不靠谱”的预算变得相对靠谱。

提问中的担忧是每个成本项目都采取“三级递进目标法”是不是会让预算编制变得过于复杂。我不这样认为，费用和成本预算的编制原则是“谁家的孩子谁抱走”，不可能不分你我，全部都“抱走”。每个预算项目都要有责任人，如果没有责任人，钱是谁批准的又是谁花的就难以明确，也就没办法考核责任。预算管理本来就是一项精细化管理，能把粗糙变精细。所以细化预算管理是值得的，“打包”预算是不行的。

有人担心出现事情根本没办或者办得很不理想，但因为责任人节约了预算还要进行奖励的局面。也就是说，责任人为了获得节约预算的奖励而不好好办事，把大楼盖成了茅草屋。导致这种情况有两种可能。一是本来就是盖茅草屋但预算给了盖大楼的钱，责任人纠正了错误的预算坚持了正确的行为，应该进行奖励；二是本来就是盖大楼，责任人故意偷工减料盖成了茅草屋，那么就应该追究执行过程中相关行政领导的责任。比如，采购人员为了追求低价格，降低进料等级、以次充好或者质检部门没有严格质检、玩忽职守，不管是哪个环节出现该做的事不做的情况，都应该追究相应环节行政领导的责任。所以，即使最终出现“把大楼盖成茅草屋”的情况，只要责任明确也能够有效解决。

此外，预算考核只是解决奖金的来源问题，是建“奖金池”，并非就是发奖金，最后究竟发多少奖金，还要考量很多非预算指标，如质量、安全、效率、效果等，行政领导还有最终的奖惩权。

业务部门计较预算是好事，说明他们重视预算，是进步的表现。对于财务人员来说，最可怕的是，“你算你的，我干我的”，预算对业务部门根本没有引领作用。

先配置资源后确定目标，这样做对吗？

提问： 公司正在编制下一年预算，公司营销总监在编制预算时要求公司先承诺下一年的营销费用和人力资源，然后制定销售目标。营销总监认为，没人、没钱就不能定销售目标。请问营销总监的预算逻辑是否正确？

预算终究解决的是目标和资源配置的问题。那么，预算管理究竟是目标优先还是资源配置优先呢？

企业最重要的使命就是赚钱，所以企业的预算管理要求“你先证明可以挣200元，我才同意或者承诺你可以花100元”。也就是说，企业预算管理是目标优先，先确定可以挣钱才能花钱，花钱是为了挣钱。如果企业预算优先编制资源配置预算，可能会导致一项良好的目标管理工作变成了要钱、花钱的竞赛，所有人都会把完不成目标的责任归咎为企业给的钱不够，根本不会检讨自己。

总之，企业预算管理是一项目标管理，资源配置是为实现目标服务的，没有挣钱的目标就没有花钱的资格。所以这家公司营销总监的“资源配置优先于目标确定”的逻辑是错误的。

市场饱和，如何利用预算管理突破销售规模?

提问：公司的销售规模在 10 亿元左右，老板总是想突破 10 亿元的销售规模，但几年都没有做到。营销总监说，市场基本处于饱和状态。但是竞争对手进入市场时，公司当年的销售业绩就达到 10 亿元，说明市场并没有饱和。老板很着急，请问预算管理中有什么办法让营销系统“跑”起来，帮助公司突破 10 亿元的销售规模呢?

企业的销售规模多年在 10 亿元左右，营销总监称市场饱和，竞争对手却快速成长，市场饱和之说不攻自破。全面预算管理能否帮助企业打破“10 亿元僵局”呢？可以。我们先分析“10 亿元僵局”的成因，然后介绍解决之道。

“10 亿元僵局”实际上是“中等规模陷阱”。“中等规模陷阱”是指企业进入平台期后为突破盈利瓶颈而做出各种错误动作，进而导致企业衰败。提问中描述的公司显然处在这个阶段——市场没饱和，自己认为没空间。怎么办？有人建议加大考核力度以改变当前的局面，但是，这个方法建立在一个前提下，就是营销系统明知市场很大但是不愿意做大。从提问中描述的情形来看，事实好像不是这样——营销系统也想突破销售规模但不知道如何突破。也就是说，营销系统迷失了方向和找不到方法。如果没有方向指引和目标引导，继续加大考核力度依然解决不了问题。全面预算管理正是为迷失方向和没有方法的人准备的。我在《全面预算管理让企业全员奔跑》一书中，针对营销系统的预算编制，提出了两个目标制定的方法："市场增量法"和"客户增量法"。

首先，"市场增量法"是引导营销系统研究两个销售成长的因素（市场成长增量和竞争回报增量）的方法。如果提问中的公司营销总监研究了"客户"和"竞争对手"这两个因素，自己就会推翻"市场饱和"的认知。然后，通过"客户增量法"——锁定购买客户和工作客户，用"三级递进目标法"逐一制定营销人员的销售目标。加以科学的资源配置预算和明确的考核力度，企业就可以打破"10 亿元僵局"，进入新一轮的成长。

虽然重赏之下必有勇夫，但勇夫如果不知道干啥，重赏也毫无意义。用财务的方法助推业务的成长就是"业财融合"。

将销售目标层层加码的做法可以吗?

提问： 公司给营销系统确定的销售目标是 34 亿元，营销总监给区域经理制定的销售目标是 40 亿元，区域经理给销售人员制定的销售目标是 45 亿元。这种层层加码制定销售目标的方法可以吗?

这种层层加码制定销售目标的情况在很多公司都存在。有人认为这种做法可以，层层加码可以使公司目标实现的可能性加大，有利于提高目标实现的安全性。也有人认为不能这样制定销售目标，因为会导致绩效指标不公平。那么，将销售目标层层加码的做法到底是可以还是不可以呢?

在一家公司的年终总结会议上，总经理宣读年终总结报告，说今年公司超额完成 28% 销售目标，比去年同期增长了 40%。这样的数据通常会引起雷鸣般的掌声，该公司的员工听了之后却都在悄声地说话。原来该公司的销售人员都没有完成自己的目标，总经理却宣布公司完成了销售目标，大家都表示疑惑。经过一番调查，该公司制定销售目标的方法就是层层加码，所以虽然销售人员没有完成自己的销售目标，但公司完成了销售目标。

国外于20世纪有三大发现，就是著名的管理学三大定律："墨菲定律""帕金森定律""彼得原理"。销售目标层层加码就是"帕金森定律"和"彼得原理" 的通常表现。

"彼得原理"是管理心理学的一种心理学效应，是美国学者劳伦斯·彼得在对组织中人员晋升的相关现象研究后得出的结论：**在各种组织中，由于习惯于对在某个等级上称职的人员进行晋升提拔，因此雇员总是趋向于被晋升到其不称职的位置。**

"帕金森定律"源于英国历史学家诺斯古德·帕金森的《帕金森定律》一书的标题，是指一旦组织中的相当部分人员被推到了责权与能力不称职的级别，这部分人就会利用职权寻求更多人承担自己不能胜任的责任，于是造成组织人浮于事、效率低下，导致能力较低的人出人头地，组织发展停滞。

总的来说，"彼得原理"是指组织会把能干的人一直提拔到不能干的岗位，"帕金森定律"是指不能干的人会寻找更多人分担自己的责任。提问中的情况以及前文案例中提到的公司超额完成销售目标而销售人员没有完成的情况，实际上就是这两大定律在企业中的体现。

将销售目标层层加码实际上就是不称职的人利用职权向下级转移职责的一种方法。通常来说，在组织中，职位越高的人应该能力越强、资源越多、待遇也越好，所以他们承担的责任也应该越大。前文案例中却正好相反，能力强、资源多、待遇好的人承担的责任较小，而能力弱、资源少、待遇差的人承担的责任反而较大。为什么高个子不去顶天反而让矮个子去顶呢？因为高个子当了领导，被组织授予了行政权力，然后他们利用手中的权力将顶天的事情交给了矮个子。这就是典型的"帕金森定律"的应用。所以将销售目标层层加码的做法是错误的。但是，如果不允许管理人员把自己的职责转移给下属，就等于剥夺他/她的行政权力，估计没有人会服从其安排。怎么办呢？全面预算管理中早有针对这个现象的解决之道——“三级递进目标法”。

首先，由销售人员用“客户增量法”提出自己的底线、进取和挑战目标，区域经理在销售人员的目标基础上提出自己的增量目标，营销总监在区域经理的目标基础上提出自己的增量目标，总经理在营销总监的目标基础上提出整个公司的增量目标。每个行政节次的增量目标完成就能获得这个节次的奖金。也就是说，业绩指标随行政节次的上升而加大，权力越大、能力越强、资源越多、待遇越好的岗位承担的业绩指标越高，相反则越低。让高个子顶天，让矮个子扫地，这就是“三级递进目标法”的效果。

各个部门各自为政，相互推卸责任怎么办？

提问： 公司现在处于快速成长阶段，市场行情很好，销售目标能超额完成，各部门业绩达标率基本都在90%以上。但是，老板认为现在各部门各自为政，只把自己的事情做好，缺乏部门之间的协调和配合：营销部门不能提前订货，造成生产和供应的节奏被打乱，采购价格和生产成本上升幅度较大。请问，怎么解决这个问题？

提问中的这种现象是典型的“企业成长综合征”，或者叫“企业青春期综合征”。

企业的发展过程与人的成长过程类似，都会经历婴儿、少儿、青年、中年和老年，这是自然规律。企业成长期的状态与人青春期的状态非常相似。度过培育期的企业，如同青少年，终于摆脱了依赖，可以独立了，但青春的烦恼随之而来。企业在成长期时，市场大开，订单如雪花般飞来，企业上下忙得焦头烂额：客户有了，销售跟不上；订单来了，生产跟不上；设备有了，原料又跟不上；原料跟上了，工人又不到位；工人到位了，资金又不够了……供、产、销、人、财、物全部乱套。老板天天开会解决问题，销售说是生产的问题，生产说是采购的问题，采购说是财务的问题，财务说是销售的问题，但是问题始终没有解决。最后是老板不满意，客户不满意，员工不满意，供应商不满意，股东也不满意。有一家有名的汽车公司对此无计可施，只好请知名的会计师事务所专家“治病”，不仅花了不少钱，“病”也没治好。为什么？因为这根本不是“病”，而是企业成长过程中的必然现象，如同人到了青春期就会长青春痘，虽然难看但必须经历。企业成长过程中是要走一定弯路的。企业在成长期时员工的能力不足，不付出一些代价就难以成长。当然如果代价太大了直接导致企业倒闭也非常可怕。那么，企业如何在成长期少走弯路呢？

企业在成长期的销售目标很难预测，各项指标可能不准确，预算方案不具有引领作用。企业最怕的是，市场空间放大，实现挑战目标的机会来临，但各个部门仍然按原来的节奏运营，结果就出现生产跟不上销售，采购跟不上生产的情况。怎么办？这个时候，“三级递进目标法”就显现出它的优势——按进取目标运行，按挑战目标准备，市场利好，立马转换，供、产、销、人、财、物随着市场的变化调整行动方案。在预算方案柔性转换的同时，提高滚动预算频率，周计划和月计划更为重要。另外为保证各个部门之间的协同并进，企业可采用“关联捆绑式考核”，对关键指标要增加捆绑系数，防止出现“销售部门急、生产部门不急，生产部门急、采购部门不急”的情况。

只用销售利润考核营销系统可行吗？

提问： 公司营销总监提出公司只制定销售利润预算目标，即用销售毛利减去营销费用，差固定就行，公司不应该管减数和被减数，这样营销系统可以根据销售业绩和市场情况灵活调整营销费用。请问，对营销系统只制定销售利润预算目标是否可行？

什么是销售利润？它和销售毛利是一回事吗？我们先统一对这两个概念的认知。销售毛利是销售收入减去销货成本，销售毛利并不是算不清楚的利润或者是没算完的利润，是算得清、算得完的利润。销售利润即销售毛利减去营销费用。提问中的营销总监认为营销预算不要管销售收入和营销费用，只预算销售利润就可以了，就是只预算“差”，不预算减数和被减数。

我们先不讨论这种预算的优劣，先思考：销售利润是否能衡量营销业绩？我认为不能，营销系统无法承担销货成本的责任，销货成本（cost of goods sold）跟研发、采购和制造环节有关，而跟营销系统有关的是销售量。也就是说，销售毛利并不是只受营销系统的影响，也有可能受其他系统的影响。

显然，营销总监提议只预算“差”的做法可能会把其他系统降成本形成的利润算成自己的功劳。除非我们给营销系统制订一个“内部价格”，销货成本在年初预算时已确定为内部固定价格，这样所有的差额都归功于营销系统。

假设该公司就是通过“内部价格”来划分阶段利润的，那么只考核销售利润的预算是好还是不好呢？评价一项管理措施是好还是坏，就是看这项管理措施是否推动和引导被管理者奔向正确的方向。如果一项管理措施实施的结果是被管理者努力抵抗，或者故意跑偏，说明该项管理措施是失败的。营销总监提出只考核销售利润会不会导致营销系统跑偏呢？

我们不妨分析销售利润的来源与营销行为之间的因果关系，可以直接影响销售利润的因素有销售量、销售价格、内部价格和营销费用。如果营销系统要努力完成销售利润，就必须增加销售量、提高销售价格，再减少营销费用，营销系统有很大的自由裁量空间，这是好的一面。我们再看看会有什么坏的可能。销售收入提高，销售利润也会提高吗？不一定，有可能是销售收入超额了，本来可以形成超额的销售利润却被同时增加的营销费用“吃掉”了，即超额销售没有形成超额利润。

有人说，超额销售没有形成超额利润也没关系，营销系统将超额利润投入营销费用，对市场推广有好处。这是理想情况，绝大部分的情况是在超额利润形成之前，营销系统就进行利润超额分配。有人建议规定超额利润必须有一定的比例用于市场投入，这在理论上可以完成，但没有人能保证市场投入的真实性和有效性。因为这个制度本身就隐藏着一个问题——我挣钱，我花钱，为什么管我如何花？这是这种预算方式不好的一面。

假设这种预算方式是好的，总经理也提议董事会只考核销售利润，其他一概不管。这其实就是“承包制”，企业只向营销系统要利润，过程一概不管，结果很容易造成营销总监利用“承包制”掏空企业，最后自己辞职，把烂摊子扔给企业。这种风险对企业来说是非常致命的。

所以，提问中营销总监的提议歪曲了预算管理的含义。预算管理是目标管理，目的是进行过程引导和监控，既要有明确的“差”，也要有明确的“减数”和“被减数”，企业必须拥有对营销目标、资源投入的合理性、及时性和有效性评价、监控和考核的权力。

如何考核不可控责任？

提问： 我所在的公司是一家旅游公司，预算考核指标是年初确定的，当时认为公司所在的城市将举办的活动会带来大量游客，所以业绩指标定得比较高。实际上却正好相反，活动举办前期和期间有关部门对游客进行了大量限制，公司的收入不增反减。当年公司的收入减少了 80%，严重亏损，考核指标没有完成。但总经理认为这是“不可控因素”，应该从考核指标中剔除。如果剔除，公司就完成了指标，应该发奖金。请问，应该如何剔除“不可控因素”的影响才是合理的呢？

“不可控因素”应该如何认定和剔除呢？有人认为预算考核不能承认“不可控因素”，也不存在剔除“不可控因素”。我认同这个观点。

什么是“不可控因素”？法律层面的不可控因素是指人类不可控的天灾人祸等不可抗力因素。也就是说，不可控、不可抗的事情可能每天都有，不管我们承不承认都会发生，所以是客观存在的。

即使我们假设活动对旅游市场有不可抗力影响，但也不可以剔除。因为“资本”不答应。从人类社会把钱变成资本那天起，人类财富创造就开启了奔跑模式。人类用一百多年的时间摒弃了上千年的刀耕火种的生活方式，过上了富裕、公平、文明、便捷、安全的生活。在发展的过程中，资本是没有温情的，它像是一个冷面杀手，但也不会滥杀无辜，只是“杀掉”跑在最后的那一个。不管天灾人祸和不可控因素，跑在最后的一个就被资本吞噬。预算管理强化经济职责，是资本的意愿表达，因此在预算考核时不讨论什么是不可控，只以结果论“英雄”。

回到旅游公司的问题，活动导致游客减少，进而影响全年业绩并不属于“不可控因素”，而属于从业经验不足、市场判断失误，所以旅游公司要自己承担后果。当然，即使是“不可控因素”也不能剔除。

节约奖引发员工不作为或偷工减料怎么办？

提问： 公司业务部门的奖金可以通过增加收入、节约开支解决来源问题，但是管理部门的奖金来源于哪里呢？节约管理支出的空间很小，而且追求节约可能引发管理部门不作为，如何解决这些问题呢？如何化解节约开支和作为之间的矛盾呢？

回答管理部门的“奖金池”怎么建的问题之前，我们先要明确哪些是管理部门。企业的管理部门是指人力资源部门、财务部门、行政管理部门、服务部门等既不销售产品也不生产产品的部门。那么，这些部门有没有经济职责呢？当然有。

人力资源部门的经济职责是节约人工总成本、人均产值等；财务部门的经济职责是节约税费和资金成本等；行政管理部门的经济职责是节约办公费用、招待费等。这些都是直接指标，预算引导这些部门积极地减少支出，但是这些部门如果追求节约开支就有可能降低工作效率和质量，可能危害员工利益。比如：人力资源部门追求降低人工总成本，可能会用降工资、减奖金、减福利等方式来实现；财务部门追求降低税费可能会偷税、漏税。这些节约开支的方法虽然能够帮助管理部门实现自己的指标，却会阻碍公司正常的经营活动甚至给公司带来风险。所以考核管理部门的经济职责时，要把考核行政职责放在第一位，将其作为经济职责考核的“归零”条件。比如，将职工离职率指标考核作为人工总成本降低的前置条件，降工资或者减福利造成员工离职率超过一定水平，即使人工总成本达到了目标，也全部“归零”。

管理部门除了要承担直接的经济职责外，还要用一定系数关联业务部门的考核指标，引导管理部门积极有效地协调、支持、配合业务部门开展工作。管理部门的奖金有两个来源：一是自己挣的，二是业务部门给的。但奖金是否发放、发放多少，要看“归零”指标是否出现，如果出现就有可能不发放奖金。对于管理部门的奖金总额，可以年初约定一个金额，也可以用加发一两个月工资的方式确定。

财务报告利润与管理报告利润不一致怎么办?

提问： 管理会计编制的利润表与财务会计编制的利润表最终结果是一样还是不一样？如果不一样，哪个结果更可信呢？

管理报告和财务报告结果中的利润和资产负债不一样，现金流量应该一样。很多企业在创办初期没有会计，是老板自己算账，但是老板没有学过会计，他怎么算账呢?

我有一个朋友经营公司10年了，经营规模将近4 000万元，他的公司有出纳，但没有会计。年末把单据交给会计公司编制法定财务报告，然后将其报给政府部门，会计公司报多少就交多少税。老板自己有个小账本，上面记着今年进了多少货，付了多少钱，销售了多少货，收了多少钱，人员工资、办公费用支出了多少，余额就是“利润”。10年来一直是这样。

这样的企业有很多，老板用简单的数学技能计算财务结果。老板的小账本相当于“现金流量表”，也就是说在老板的认知里，盈利和赚钱是一个概念。管理会计是老板的会计，必须要先从现金流量算起，因为公司不怕亏损就怕没钱。**利润是财务会计第一计算对象，而资金是管**

理会计第一计算对象。当然并不是说管理会计不计算利润，利润是管理会计第三计算对象，管理会计必须在资金和资产计算准确以后再计算利润。计算资金是为了及时有效地进行资金预警，计算资产是为了及时发现企业的潜在盈亏，以便更准确地报告企业盈亏。

例如，某单位欠了某房地产公司一笔钱，逾期未付。该房地产公司财务会计编制财务报告时将这笔逾期欠款计提坏账准备，而管理会计在编制管理报告时不予计提，这样两个报告的利润就不一样，财务报告可能会报告亏损，管理报告可能会报告盈利。一个企业两个财务结果，两个都对，怎么办？该房地产公司用财务报告的结果作为业绩考核的依据，认定总经理没有完成当年的业绩指标，应该免去总经理职务。实际上应该依据管理报告的结果来评价业绩，这样总经理不但不应该被辞，还应该得到奖励。

结论是，财务报告和管理报告给出的经营结果是不一样的，财务报告只报告现实结果不报告可能结果，只报告结果不报告责任，不可以用于经济职责考核。管理报告既报告现实也报告可能，既报告结果也报告责任，用于经济职责考核更靠谱。当然，管理会计师也可以编制利润调节表，解释形成财务报告和管理报告之间差异的原因，帮助企业更好地决策。

边际贡献如何构建独立业务报告？

提问： 您在前面说到，边际贡献法可以明确经济责任点贡献。我的认知是管理会计用边际贡献法计算产品的盈亏平衡点。边际贡献法如何明确经济责任点贡献呢？

边际贡献法更重要的功能是解析利润的形成过程。

边际贡献等于营业收入减去变动成本。边际贡献的增加来源于营业收入的增加和变动成本的减少。营业收入增加属于财务会计的课题，变动成本减少属于管理会计的课题。变动成本通常由直接材料、直接人工、直接辅料和直接能耗构成。我们可以根据产品设计和历史经验值按比重将销货成本中的变动成本进行分拆。用营业收入减去直接材料和直接辅料，就可以得到采购边际贡献；用采购边际贡献减去直接人工和直接能耗，就可以得到生产边际贡献；再用生产边际贡献减去销售变动费用（如提成、运费、保修、退市预提等），就可以得到销售边际贡献。采购边际贡献来自消耗的减少和采购价格的降低，贡献者来自设计、生产和采购部门；生产边际贡献来自劳动生产率的提高和能源消耗的降低，贡献者来自生产车间和设备部门；销售边际贡献来自销售变动费用的减少，贡献者来自营销部门。

这个计算过程如同切蛋糕，营业收入是一个完整的蛋糕，设计、采购、生产和销售部门分别切走自己的份额，还要让行政、人事、财务等部门分别切走自己的份额，切得越少，贡献就越大，直到净利润形成。

按照这个逻辑我们基本可以回答利润是哪个环节贡献的。当出现亏损时，我们也会清楚地知道利润是在哪个环节丢失的。如果哪个环节出现亏损，该环节的贡献者就是利润的丢失者。这是解析形成利润过程的一个角度。还有一个角度是分事业部或分产品解析。这样管理会计的利润表是矩阵式报告，横向报告边际贡献者，竖向报告某款产品或某项服务的利润。这是管理报告第一报表，国外称为 SBU 报告（Separate Business Units Reports，独立业务单位报告），能展示利润的形成过程和创造过程，有利于管理者准确抓住某款产品或某项服务某个环节存在的问题，以便及时采取行动。

不报超预算的支出，年底要求调整预算，应怎么办？

提问： 我所在的公司的业务招待费基本失控，业务部门经常先斩后奏，每个月虽然表面上不超预算，但实际上是不报账。有些部门已经积累几十万元的业务招待费发票等到年底一起报账，然后要求调整预算。针对这个问题有不同说法：有人说增加前置审批流程，加大审批难度；也有人说，超预算部分超过三个月不给报销；还有人说与年终奖金关联，按超出部分核定部门经理的奖金。这些方法可行吗？到底应该怎么办呢？

对于业务招待费用，平时按预算报销，超出的开支积攒到年底一起报，然后申请预算调整，应该怎么解决？

提问中的解决方案基本上基于一个前提，就是超预算是不对的，必须要坚决管控。事实上，要解决这个问题首先要搞清楚一个问题，业务招待费为什么会超预算？

在有些情况下，业务招待费很高是必需的。关键是看企业在市场中的位置和核心价值。什么是核心价值？就是“人无我有，人有我优”。每个企业都有其存在的价值，有些靠技术，有些靠渠道，有些靠成本，有些靠客户关系……

良好的客户关系也是生产力。比如，客户渴了要喝水，买谁的水都可以，在质量、价格、便捷度都差不多的情况下，客户会首选“关系好”的企业的水，因为“关系好”意味着彼此信任。良好的客户关系有哪些呢？一种是天然的，不需要刻意建立，比如血缘关系，我弟弟销售水，所以我买我弟弟的水。但这种关系毕竟有限，“弟弟”不可能有无数个。另一种是通过相处建立起来的，比如一起吃饭聊天，过节的时候送一点小礼品表达心意，等等。事实上，即使是血缘关系也需要这样经营，过节的时候和父母、兄弟姐妹一起吃饭、聊天，亲情关系就会比较和谐。但是，如果大家一年既不见面，也不经常通电话，过节也不送礼物表达心意，亲情关系可能会变得越来越冷淡。所以，为了建立良好的客户关系，业务招待费是必需的支出。

如果提问中的业务招待费年底超预算的企业的核心价值是“拥有良好的客户关系”，那么企业的“业务招待费”超预算也就可以理解。但是，如果年年都是如此，就要了解是不是预算编制的问题。如果该企业在编制预算的时候，对“业务招待费”的定位不是核心价值，可能出现资源配置错位——该花的钱没安排，不该花的钱安排许多，这是浪费，错在预算。如果在实际执行中强行地实施预算管控，那就是一错再错。对于这种情况，不是制定前置审批制度或者超支不报销、不发奖金就能解决的。需要解决的是资源配置的合理性问题，如果一开始就不合理，预算就是“祸根”。

从提问的三种解决方案中，我们可以看出，很多人还是沉浸在财务会计的思维习惯中，用财务会计的理念解决预算管理的问题。预算管理是管理会计的工作职责，是业财融合的产物，我们必须时时刻刻用业财融合的思想认知和解决管理者的问题，而不是把业务部门推到对立面，让业务部门抵抗管理会计。这样的管理会计不会有成效，这样的财务经理也不会受企业欢迎。

员工应该按岗位划分类型吗?

提问： 公司把员工分为三个类型：一线员工基本上是营销、生产等部门的员工，二线员工基本上是采购、研发、仓储等部门的员工，三线员工基本上是财务、人力资源、后勤、审计等部门的员工。不同类型员工的工资不一样，一线员工的工资最高，三线员工的工资最低，这样分类的结果是财务部门的会计都想去营销部门当会计。请问，这个问题要怎么解决呢?

我们先明确两个概念。

第一，什么是工资？政治经济学说得很清楚，工资是劳动力的价格。这个价格是谁定的？表面上工资是老板定、老板发，而实际上是市场定。比如，一名会计的市场价格是月薪 10 000 元，如果老板只给 6 000 元，恐怕很难招到合格的会计。

第二，什么是奖金？奖金是劳动者的贡献分享。比如，财务总监为公司进行税收筹划，使公司每年的税负下降 1 000 万元，对公司有突出贡献，公司就应该给财务总监发奖金。

发工资是强化员工的行政职责，发奖金是强化员工的经济职责。比如，采购员保质、保量、及时、准确地保证供应，合格地履行了行政职责，就有资格获得工资。如果采购员同时还降低采购成本300万元，就履行了经济职责，有资格获得奖金。也就是说，工资与业绩无关，只要干这项工作就能获得，跟干得好坏无关。老板认为员工干得不好，可以辞退员工，但不可以约定好工资是10 000元，却因为员工干得不好只发6 000元。奖金是履行经济职责后的贡献分享，预算管理就是强化经济职责的方法，员工为公司降成本了、降税负了，帮公司赚钱了，就应该获得奖金。总而言之，做事获得工资，赚钱获得奖金。

每个人都是带着市场价格的预期来到公司的。招聘任何一个员工，先不管他/她能不能干好工作，要先承诺一个月的工资是多少。如果营销人员的月工资是4 000元，会计的月工资是10 000元，不意味会计岗位比营销岗位辛苦、重要、贡献大，主要是因为职业的市场价格不一样。有些公司脱离市场人为地界定员工类型，按辛苦、重要和贡献程度来区分工资不但违背工资的基本原理，而且背离市场经济规则。如果足球队按重要和辛苦程度来决定守门员、后卫、中锋和前锋的工资，因后卫和守门员不如前锋辛苦和重要，所以给他们发低工资，结果就是这个足球队的比赛很可能会输。

预算管理中明确经济职责的一个重要思想是"公司中人人都重要"，每个人都可以在各自的岗位上履行经济职责，赚钱面前人人平等。财务人员通过优化资源、降低成本、税收筹划等让公司增加收益4 000万元，财务人员就应该获得奖金。所以，奖金不是老板发的，是员工自己挣的。

应该如何分配削减成本带来的额外收益？

提问： 削减成本和管控费用可以为公司带来额外的收益，但各责任主体也因此增加了额外的工作量。那么，应该如何分配这些额外收益呢？有人说按照责任主体的贡献采取百分比奖励制度，还有人说按照固定奖金额度进行分配，哪一种更好呢？

成本篇介绍了设计、制造、采购等各成本中心的成本削减思路、方法和工具，也介绍了一些费用管控的方法。使用这些方法和工具的目的是比较科学准确地找到公司各领域可能的成本浪费，引导各成本中心积极寻求成本优化，积极寻求费用节约。

当然，我们必须承认削减成本和管控费用会给责任主体增加很多额外的工作量和职业风险。比如：生产部门为了降低消耗可能会进行很多工艺调整，产生质量风险；采购部门为了降低采购成本可能会做更多市场调研和谈判；设计部门为了降低成本可能会做更多试验……这些都是额外的工作量。对于因责任主体额外的付出而获得额外收益，公司是最终的受益者，因此必须建立一个额外收益的分享机制，给予这些创造者额外的补偿。

所有有效地履行了经济职责、为公司创造了额外的价值的人，公司应毫不犹豫地给予奖励。但不应该采取百分比奖励制度，而应采取绝对额奖励制度。百分比奖励制度会造成奖金上不封顶，在业绩超常时会出现“奖金巨人”，而绝对额奖励制度下，在业绩超常时奖金是封顶的，这样就可以避免巨额奖金的出现。再者，削减成本也不可能没完没了地削减，刚开始的削减幅度较大，但逐渐递减，到一定程度以后就会无法削减，各责任主体创造的额外收益就会减少，如果按百分比奖励，各责任主体只能获得很少的奖励，这样不利于各责任主体继续保持成本的优化状态，为了获得更多奖励，有可能会出现成本“放水”现象。比如采购部门采取“先抬价，后降价”的方式降成本，这对公司来说不但不会创造额外收益还会产生极大的风险。

但是，无论是否存在“放水”的情况，**成本优化奖励制度都要坚持责任主体只奖不罚的原则，只要为公司降低了成本、节约了费用，不管是什么原因，都要以结果论“英雄”，只要降低了就是贡献。**

有人说，有些部门在确定考核目标时虚报预算，在执行时再“节约”，这样的情况还奖励吗？奖励。第一，我们无法证明对方是虚报的。第二，虚报的预算是经过上级领导批准的，如果一个采购总监总是批准一些虚报的采购价格，我们可能需要质疑这个采购总监的从业经验和能力，因此在制定奖励制度时应在奖励虚报者的同时扣发批准者一定的奖金，否则管理者可能会为了帮助下属获得更多奖金而故意“放水”。这个制度建立以后，可能会出现采购人员奖金多，采购总监奖金少，结果采购总监的年终奖金比采购人员的年终奖金还少的情况。

还有人说，各业务部门都完成了业绩考核指标，公司却亏损，没有完成业绩指标，是否还奖励各责任主体呢？各部门都完成了业绩考核指标，但公司没有完成，可能是公司高层管理人员在整体业绩把控中犯了错误。领导犯错当然是领导受罚，不应该让下属受罚。因此，各责任主体照样获得奖励，领导要受到惩罚，比如没有奖金或者引咎辞职。

老板不听道理，财务总监怎么办？

提问： 我是公司的财务总监。财务方面的很多事老板并不懂，我跟他说了之后他虽然说“有道理”，但之后还是按照自己的想法做，怎么办呢？

老板不懂财务，但又不听财务总监讲道理，如何解决这个问题呢？学习的目的就是解决“知”和“识”的问题。“知”就是懂得道理，“识”就是辨别是非。由原来的不懂到懂得，就是进步，由原来的搞不清对错到知道对错，就是提高。至于别人懂不懂是别人的事情，从某个方面来说，别人都不懂，我们才有价值。当然，作为财务总监，要有大格局。财务总监在企业中不是决策的人，但是有重要影响的人。财务总监的一个重要职责就是不停地影响周边的人，把自己懂得而别人并不懂得的知识告诉别人，尤其是上级。财务总监要不厌其烦，反复影响，最终会改变环境。

有人说，做财务工作的，天生就是“心里有数，嘴上没路”，明知老板和业务部门是错的，但就是说不过他们。实际的确存在这种情况，尤其是面对老板和营销人员的时候，往往财务人员还没有开口他们就有许多道理要讲。怎么办呢？不要总想着说服他们，要进行疏导。我有一个办法就是“写信”，有些话不当面跟老板说，而是给他写一封信，他应该会看，而且是冷静地看，看一遍再看一遍，后来终于承认我说的是对的。现在影响别人的渠道很多，未必非要给老板现场上一堂课，送一本书、转发一篇文章、发邮件等都是疏导对方、影响对方的有效方法。

学习的目的是改变自己然后影响别人。如果你学习了之后，一没能改变自己，二没能影响别人，说明你没有学习，只是在读书。即使读了许多书，书还是书，你还是你，你没改变书，书也没改变你。总之，积极地影响周边的人，是财务总监的优良品质，更是重要职责。不过，影响不是讲道理，而是通过更好的渠道疏导。

供应商强势，如何降低采购价格？

提问： 某公司供应商基本上都比较强势，根本不在乎小客户，没有理由地涨价，还用断供威胁。在这种情况下，管理会计师如何推动采购降成本？供应商比较强势的情况下如何降低采购价格？

成本是支出后的结果，若钱花完了再考虑降成本，只能考虑以后怎么降。采购系统降成本更是如此，因为物料已经放在库房里，不想用也要用，不能因为价格太高就都不用。彼得·德鲁克说过：既成事实的管理都是无效管理。这句话有一定道理，因为既成事实难以改变或者改变的代价太大。针对采购价格而言，采购之前更有可能降价。那么，如何在采购之前保证价格最优呢？

我们先要分析，什么样的情形会让采购价格对我们不利？供应导向型物料的采购。比如供应商垄断市场，包括技术和体制垄断，我们无法选择供应商；再比如我们采购量太少且分散，不能引起供应商的重视。总之，供应商是强势的，我们通过比价或招标等方式不大可能达到降价的目的，因此我们要试着从其他角度寻求突破，比如采取改变用料的规格或特性、提高零部件的通用性等方式来改变供应渠道的唯一性。当然这种改变不是采购部门自己能做到的，需要设计、采购和生产部门共同研究材料替换和零部件通用性问题。管理会计师则可以牵头组织大家研究这些问题。

我以前所在的公司有一款产品的外壳从英国进口，表面处理采用不锈钢拉丝工艺，公司每年要花 7 000 多万元的采购费用，一年的运费就需要几百万元。我曾经建议采购部门在国内采购，但返回的信息是国内的厂家无法生产。我和采购人员一起去拜访国内的生产厂家，他们说要达到英国的生产工艺要求，需要有拉丝的设备，即使有拉丝的设备，当时的国产钢板的品质也很难拉出我们想要的效果。我们回到公司之后就去找设计部门的人员，问他们为什么产品的外壳要用不锈钢拉丝工艺，他们说是为了让产品美观，客户比较喜欢。于是我们又和销售人员一起拜访正在使用我们产品的客户，了解他们在使用中对外壳的不锈钢拉丝工艺的意见。他们说，不锈钢可以有效地防潮、防腐蚀，运输比较安全，但比较重。至于拉丝工艺，他们认为没必要，因为这种工艺反而导致擦拭困难，不如平面工艺。我们问客户如果我们把外壳改成 ABS（Acrylonitrile-Butadiene-Styrene Copolymer，丙烯腈 - 丁二烯 - 苯乙烯共聚物）材料对他们是否有影响。他们肯定地表示使用 ABS 材料更好，既能防潮、防腐也能变轻。于是我们开始转向寻找 ABS 供应商。ABS 供应商表示，他们可以做出不锈钢拉丝的效果，样品的效果非常好，既保证了美观又保证了质量，关键是成本下降了三分之二，一年就降成本 5 000 多万元。后来英国公司还从我们这里进口外壳。

从我的这次经历可以看出，管理会计师和财务会计师有不同的行事风格。财务会计师基本上是坐在办公室解决一切问题，而管理会计师如果天天坐在办公室，面对计算机，可能什么也干不出来。所以管理会计师要学会走出办公室，走与人、财、物、供、产、销联合的道路，这样可以创造辉煌的价值，才能实现真正意义上的“业财融合”。

总的来说，对供应商比较强势的供应导向型物料的采购，公司需要通过设计、生产、采购联动，通过材料替换、零部件通用和集成来达到降成本的目的。

○ 上级公司费用是否应该分摊给下级公司或事业部？

提问： 集团公司总部的商务部、运营部、人力资源部、财务部等部门向下级事业部提供了集中采购、催收回款、人力和资金等支持服务，这些成本对各事业部来说是不可控成本费用，在对事业部进行预算编制和绩效考核时，是否需要摊入集团公司的这些部门的费用？

集团公司和事业部之间在行政上是上下级关系。从财务会计的角度来看，集团公司的很多工作都是为事业部服务的，集团公司的很多支出实际上是因这些服务而发生的；从成本和费用的完整性来说，集团公司的费用应该分摊给事业部。但是我们需要进一步明确，分摊的目的是什么。是为了事业部的成本的完整性。这里就出现问题了。保证成本的完整性是为了计算利润，利润是针对一个独立的经济实体而言的，像事业部这样的内部机构，不是财务会计独立核算的对象，没有必要计算事业部利润，也算不清。有人说这是企业内部独立核算的单位，计算的是内部利润，计算是为了绩效考核。如果计算的是内部利润和绩效考核，就不是财务会计的工作，应该属于管理会计的工作范畴。所以，就不能用财务会计的思维方式来解决问题。

管理会计是为管理而生的。财务管理是强化经济职责的管理，所以它所有动作都离不开经济职责。集团公司要承担集团公司的经济职责，事业部要承担事业部的经济职责。上级不可以把自己的经济职责通过行政权力转移给下级。分摊费用极有可能会帮助集团转移自己的经济职责，而且分摊后承担者也不具备管理和控制这些开支的能力，分摊的费用实际上是不可控支出。所以，管理会计的答案是不能分摊。集团公司的费用开支也要受到预算和绩效考核的约束。成本篇中提到的“ABC 法”的基本原则就是“谁家的孩子谁抱走”。

有人可能会说，如果没有集团公司在资金、人力资源等方面的支持，各事业部也有资金、财务和人力资源等管理成本，所以这些费用本来就属于事业部，分摊就是归还事业部。这个表述有道理，但这还是财务会计的思路。支出在集团公司发生，请问下级有能力和机会管理吗?分摊反而有可能成为事业部业绩不好的借口——自己业绩不好是因为集团公司分摊的费用太多或分摊得不公平。这样业绩考核就犯了责任不明的大忌。

也有人可能会说，不分摊，事业部利润不真实。这又是财务会计的思维方式。事业部利润是内部利润，不是真正意义上的利润。在管理会计中一般表述为“贡献”，分摊了贡献就小，不分摊贡献就大。在制定业绩目标时应不考虑分摊，业绩考核时也不分摊，口径一致就有可比性。

还有一个问题，如果不是事业部而是独立子公司，是否应该分摊呢? 从财务会计的角度应该分摊，而且应事先约定好分摊的比例和分摊依据，双方还要签订合同，开具发票缴纳规定税金，还要经过税务部门的内部交易公允性评价。但对于管理会计来说，集团公司是为子公司服务的，能直接认定归属的支出可以在子公司实报实销，公共支出部分则不予分摊。很多子公司不但不计算集团公司的分摊，自己的分摊也不在考核时考虑。EBITDA（Earning Before Interest Tax Depreciation Amortization，利息、税项、折旧及摊销前的利润）就是独立子公司的考核指标，该指标考核原则是，只考核可控指标，不考核不可控指标，即不考核利息、税金、折旧和摊销。这种做法的目的就是使经济职责在考核时让被考核者可控。

从上面的案例中我们看到了财务会计和管理会计的思维冲突，而且大家会不自觉地在两种思维下糊涂地工作，主要是因为不能自由切换思维模式。

采购系统如何应用“杠杆控制法”？

提问：“杠杆控制法”也叫“靶向成本法”，在企业中如何组织推进呢？谁来主持这项工作呢？应该由哪些部门参加？

这里以采购系统为例，介绍“杠杆控制法”。

必须在企业环境压力形成，对外盈利能力下降，企业处于成熟期或平台期，老板急于改善盈利的情况下使用“杠杆控制法”。

在老板的推动下，行政、财务和人力资源等管理部门联合发布企业降本增效的管理制度，明确降本增效的目标和考核、奖励政策。由采购、生产、设计、销售、财务和人力资源等部门组成“降本增效评价组”，针对供应市场和具体供应商的情况，确定企业的采购特性，即划分供应导向型物料和成本导向型物料。在此基础上，采购人员采用“三级递进目标法”对自己所负责的物料提出降价的三级目标，提交采购经理。采购经理在采购人员的降价方案上提出自己的降价目标，采购经理的奖金来自更大力度的降价，方案形成后提交采购总监。采购总监在采购经理的方案上提出自己的再降价方案，采购总监的业绩指标来自再降价方案。如果采购经理和采购总监维持采购人员的降价方案，就意味着采购经理和采购总监没有达到自己应该完成经济职责目标，在这部分职责中没有贡献，不能获得相应奖励。因此采购系统的各级管理人员都应该提出超额降成本目标，同时采购系统提出关联捆绑对象和捆绑系数。采购系统提出降本增效方案后由“降本增效评价组”对整个方案的进取性和可行性进行评价，对整体方案进行必要的调整，同时制定考核办法和奖励措施建议，并将整个方案和评价建议报总经理批准。批准后，人力资源部门会同财务部门与采购系统逐级签订经济职责承诺书，降本增效成果由财务部门逐月通报，年终决算并兑现奖励。

当然，采购系统追求低成本会影响物料的品质和供应的效率。所以采购系统降本增效应在考核时强化前置条件，即品质和供货周期的标准控制。经济职责承诺书中应规定合格率和供货及时率，如果这两个指标达不到要求，就只是降本没有增效，所有降本一律“归零”，不予承认。当然质检部门和其他考核部门应每月向采购部门通报实际执行情况，以便采购人员及时采取措施。

以上是采购系统的“杠杆控制法”的具体操作过程。这些工作可以与企业的全面预算管理一起开展，属于预算管理的组成部分。

如何管控市场开发费用？

提问： 管控营销费用很难，主要是财务部门的权力不够。管理会计师应该如何管控营销费用呢？

提问中的管控营销费用很难，主要是财务部门权力不够。一般来说，权力越大管控力度越大，即使拥有的权力再大很多时候也要选择妥协、委曲求全。很多事情与权力无关。所以，管理会计师要想有效地管控营销费用不是寻求更大的权力，而是寻求科学的方法——“价值流向控制法”。预算篇提到过，营销费用的价值流向通常有三个：市场开发费用、客户开发费用和客户维护费用。

市场开发费用是指为了让不知道我们产品或服务的人知道我们的产品或服务而支出的费用，比如广告投放费用。

客户开发费用是指为了引导客户接受、购买我们的产品或服务而支出的费用，比如拜访客户产生的差旅费等。

客户维护费用是指为了与已经购买我们产品或服务的客户建立良好的关系而支出的费用，比如售后服务产生的维修费等。

首先，管理会计师需要将营销费用中各项开支按照这三个流向进行归类。这项工作并不难，只要在企业的费用管控系统中加归类标识，在办理报销时系统会自动将营销系统的各项开支归类。

其次，管理会计师要做的工作是价值评价。所谓“价值评价”就是回答这些费用支出以后，受益人是否感受到价值。最有资格回答这个问题的人是我们在他们身上花钱的人。这些人在企业之外，通常我们会通过市场调查进行第三方抽样调查。调查是采用量化工具进行的，比如在广告投放区域对特定受众进行问卷调查，评价市场开发的有效性。比如，在因纽特人的居住地投放冰箱的广告，市场开发价值是零。再比如，某工程机械企业花上亿元在电视节目中投放广告，其市场开发价值基本为零，因为电视机前的绝大部分观众可能一辈子都不需要买工程机械，也就是说大部分电视节目观众都不是该企业的目标客户。但是，矿泉水企业投放电视广告的市场开发价值就很高，因为几乎每个人都需要喝水，所以电视机前的每个人都是该企业的目标客户。市场大、客户多的企业，如果想让更多目标客户知道自己的产品，选择电视节目投放广告是正确的。

管控市场开发费用的关键是管控价值流向。如果产品的市场投入流向和价值是一致的，市场开发费用支出就是合理的。

如何管控客户开发费用？

提问： 如何评价开发新客户产生的费用是否有价值呢？比如公司只要来了有意向的客户就招待，住宿、伙食、差旅费全部报销，往往有上文无下文，最后成交的客户很少。月底核算时业务招待费用很高，新开发客户却很少，老板说这是前期投资，很正常，财务人员却认为这是浪费。请问如何评价和管控客户开发费用呢？

这个问题涉及营销费用的第二个流向——客户开发费用管控。客户开发费用就是引导客户购买产品而支出的费用，花钱就是让客户了解本公司的产品进而决定购买。客户开发费用包括销售人员的工资、差旅、招待、通信、样品演示等方面的费用，也就是传统意义上的销售费用。客户开发费用最大的特点是，花钱在前，成交在后。花钱是一定的，但不一定成交。如果没有成交，这笔钱可能就浪费了。可能会浪费的钱花不花呢？销售人员会说，要花，客户今天不买，以后有可能会买。所以客户来拜访产生的业务招待费用都由公司承担。如果客户不来，销售人员拜访客户也是要花钱的。事实也的确如此。但是，如果不进行管控，客户开发费用就有可能会成为“无底洞”。也就是说，客户开发费用应该花，价值流向没有错位，但是应该有节制地花。花多少钱合适呢？这里给大家一个计算公式，客户开发成本 = 客户开发费用 ÷ 客户开发量。

客户开发量是新增客户量，这个指标是监控客户开发有效性的重要指标。我们可以通过计算以往年度或以往月度的数据来评价该指标。我们也可以在预算中制订一个标准值或者规定一个合理区间，每个月计算实际客户开发成本，以评价客户开发的有效性。客户开发费用有会计记录，同时还需要建立客户开发量的记录，这个数据通常是 CRM（Customer Relationship Management，客户关系管理）系统提供的。如果没有这个系统，可能需要手工统计，在客户量不大的情况下这项工作也比较容易完成。如果客户开发费用越高客户开发量越低，必然出现客户开发成本越高的情况。我们可以用指标来考核营销系统，引导营销系统在客户开发成功率不高的情况下，除了要求销售人员提高销售技能，还要想办法减少客户开发费用。

如何管控客户维护费用？

提问： 我所在的公司是一家服务性公司，其业务主要靠积累客户口碑开展，所以每年会花很多钱搞客户联谊活动。应怎么来评价这些活动的效果，哪些钱该花哪些钱不该花？老板希望财务人员评价、控制，但客户维护费用应如何管控呢？

客户维护费用是花在已经购买企业产品或服务的客户身上的钱，企业需要为这些客户提供售后服务，如保修、技术支持、客户联谊等。

已购买企业产品或服务的客户对企业来说是直接的价值客户，企业在他们身上花钱，是希望他们能继续接受、购买企业的产品或服务。那么，客户维护费用支出多少是合适的呢？不同的行业和产品，需要投入的客户维护费用不一样。

比如，某航空公司要升级贵宾室，其中包括设施更新和餐饮质量提升。贵宾服务部门提出的升级方案需要 6 000 万元。总经理把这个方案转给财务部门，希望财务部门提出意见。这是一笔典型的客户维护费用，该不该花这个钱呢？财务会计没有评价客户维护业务的能力和经验，所以必须启动管理会计的思维模式。管理会计会如何评价这笔费用投入呢？首先，升级贵宾室的理由是，贵宾客户是航空公司的重要、有价值客户，向其提供特别的场所和高级的餐饮是应该的，但是高级只是一个心理感应，到什么程度就算高级，每个人的感受不一样。航空公司投入一笔客户维护费用，为贵宾客户提供高级服务不仅是提升客户感受，还需要有回报。航空公司要的回报当然不只是几个好评，而是经济回报。贵宾服务部门可能会列出许多不足来证明必须改造贵宾室，一个想做这件事的人会有许多理由。财务部门并不了解这些理由是真是假或者是否夸大，只需采取一个方法就可以让贵宾服务部门重新审视自己的方案——竞争回报增量法。首先，贵宾室改造后肯定更受贵宾客户喜欢，应该有更多贵宾客户购买航空公司的服务。如果贵宾客户购买机票的边际贡献率是70%，6 000万元的投入就需要约8 600万元的增量收入，把8 600万元作为分子除以贵宾客户数量，就可以算出每个贵宾客户需要在以前的基础上增加多少机票购买次数。其次，让贵宾服务部门承诺这个增量销售，超出增量回报的给予奖励，低于增量回报要接受惩罚。该航空公司的财务总监用这个方法跟贵宾服务部门沟通，贵宾服务部门主动撤回贵宾室升级方案，然后针对贵宾客户反映最多的几个方面提出改造方案，取消了很多可做可不做的事项，最后提出的方案只需要1 300万元。

这个案例说明，公司中不允许存在不承担经济职责的花钱行为。财务部门没有办法评价业务部门花钱的理由，但有办法明确业务部门花钱的责任。让每个花钱的人带着经济职责做事，这是财务管理的撒手锏。

如何管控研发设计费用?

提问： 相对于管控营销系统的费用来说，管控研发设计费用更难，因为我们无法判断这项研发到底要不要做，最后能不能得到结果。那么，应该如何管控研发设计费用呢?

企业研发有两个方向：一是新技术、新产品的研发，二是技术更新和产品升级的研发。前者是从无到有的研发，后者是从有到好的研发。前者是创新型研发，后者是更新型研发。

创新型研发最大的特性是不可预知，需要花多少钱，需要多长时间，能否研究出结果，谁都不能保证。如果不进行有效的管控，创新型研发很容易变成“无底洞”，有很多企业就是因这个“无底洞”倒闭的，比如摩托罗拉的“铱星计划”就是一个“无底洞”。一般企业没有能力也没有实力做创新型研发，真正的创新有时花费很多也未必有结果。所以，企业不管大小都要谨慎对待创新型研发的投入。

更新型研发就是在已有技术上升级改造。这种研发投入相对小、时间短、成功率高。最大的失控是研发价值与市场需求错位，形成错位成本（mismatch cost）。更新型研发的价值流向基本上有 4 个：一是功能改进，二是外观改进，三是品质提升，四是成本优化。那么，更新型研发设计费用应该往哪个方向投入才是正确的呢？这个不能让研发系统的人员回答，他们可能会根据自己的喜好和能力来决定，结果很可能就是提出的研发项目与市场需求错位，形成错位成本。

研发设计费用的管控点在源头。一旦开始就要执着地投入，但执着和执迷只一字之差，如何区分呢？区分的标准就是方向正确，如果方向正确，坚持不懈地投入就会有成果，这就是执着。如果方向错误，依然坚持不懈地投入，就是执迷。

研发正确的方向是提高客户价值、满足市场需求。研发人员通常离市场比较远，对市场的需求没有准确的理解，容易偏离。所以，我们需要在研发和市场之间建立一个通道，从源头上保证研发的价值流向与市场需求一致。这个通道的一头是实实在在花钱，另一头是虚无缥缈的需求。那么，谁能够代表市场表达需求呢？有人说是客户。事实上客户往往是外行人，如果研发一味地迎合客户的需求，很可能会使得研发失去创新和更新的意义。当然也不是完全不听客户的，而是听大多数客户的需求。市场是由客户和竞争对手构成的，更重要的是关注竞争对手的研发。和竞争对手同质化研发是研发设计费用浪费的重要原因，所以要尽可能地与竞争对手的研发形成错开竞争。如果竞争对手研究外观改进，我们就研究成本优化；如果竞争对手研究功能提升，我们就研究品质保证。

具体应该怎么做呢？有两个方法：一个是实施作业流程，另一个是量化定位。我们先让营销系统用“十分制”方法，对客户需求进行量化，找出大多数客户的最大需求，同时研发系统提供竞争对手的研发方向和进展。在此基础上，研发系统根据自己的研发能力和成功的概率提出具体的研发项目清单，通常包括人、财、物的需求。公司组织供、产、销、人、财、物各环节的人员，对研发项目的可行性进行论证，内部审计系统进行不可行性调查，预算管理委员会最终对研发项目进行审批，同时提出对研发系统的考核办法和奖惩措施。由于研发设计费用预算的可靠性比较低，随着项目推进而实施滚动预算就更加重要。为了鼓励研发人员承担必要的经济职责，我们同样可以用“三级递进目标法”，鼓励研发人员追求费用节约，其项目奖金与费用节约关联。当然前提是项目研发达到预期的效果。

如何管控行政费用？

提问： 公司每年的行政费用都是一大笔开支，但看不到直接结果。没有结果的花钱就无法评价：什么钱该花，什么钱不该花，哪个地方花多了，哪个地方花少了，这些花钱的人是否有效地承担了经济职责。这些都无法评价，更不好管控。请问，应该如何管控行政费用呢？

研发设计费用是为了把产品设计出来产生的费用，生产费用是为了把产品生产出来产生的费用，营销费用是为了销售产品产生的费用，行政费用似乎跟产品没有直接关系。

行政费用的责任主体是谁？是总经理、行政办公室、人力资源、财务、企管部、审计等。这些部门都有行政管理职责，需要花很多钱履行行政管理职责。行政费用通常分为两个方面：一个是日常办公费用，如文具费、通信费、差旅费、招待费等；另一个是事项性费用，是指为了办理特定事宜而发生的费用。管控事项性费用的方法需要根据具体事项实施，所以我们主要介绍如何管控日常办公费用。

日常办公费用通常是固定费用，金额一般没有太大的波动，但是我们也可以用“三级递进目标法”，鼓励行政系统节约，能少花钱就少花钱，能不花钱就不花钱。节约的费用可以按照一定比例奖励给他们，但节约的费用不能成为奖金的主要来源，管理人员的主要奖金还是应与业务部门的业绩关联。

管控日常办公费用时应该坚持源头管控的原则，用“ABB 法”，针对不同部门的人员数、合理的活动频率和合理的消耗标准编制日常办公费用的预算。比如，财务经理每年的业务招待费预算是多少呢？我们可以界定一个合理的活动频率——财务经理一般一个月有两次招待活动，每次招待活动有四五个人参加，平均每人消费 200 元。这样算下来，财务经理一年的业务招待费预算为 20 000 元应该是合理的，如果财务经理花了 40 000 元显然不合理，除非发生了特殊的活动。当然 20 000 元的预算，如果只花了 5 000 元，也不能说明这个财务经理很省钱，有可能是因他 / 她不作为形成的，所以要先考核他 / 她是否有效履行了行政职责。在行政职责有效履行的情况下，这种节约可以认可，并给予一定的奖励。如果行政职责履行得不好，没有达到规定的标准，这种节约就要“归零”。当然行政职责履行是否符合标准很难量化，评价方式通常就是满意度打分，比如规定在总满意度中上级的满意度占 60%，业务部门的满意度占 30%，下属的满意度占 10%，最后若总满意度低于 80%，日常办公费用节约就要“归零”。